中国文学人类学原创书系

人类学关键词

叶舒宪　彭兆荣　纳日碧力戈◎著

陕西师范大学出版总社

图书代号:SK18N0178

图书在版编目(CIP)数据

人类学关键词／叶舒宪,彭兆荣,纳日碧力戈
著.一西安:陕西师范大学出版总社有限公司,2018.3
(中国文学人类学原创书系)
ISBN 978 - 7 - 5613 - 9831 - 9

Ⅰ.①人… Ⅱ.①叶… ②彭… ③纳… Ⅲ.①人
类学—研究 Ⅳ.①Q98

中国版本图书馆 CIP 数据核字(2018)第 035914 号

人类学关键词
RENLEIXUE GUANJIANCI

叶舒宪 彭兆荣 纳日碧力戈 著

责任编辑	王红凯
责任校对	巩亚男 张旭升
装帧设计	田东风
出版发行	陕西师范大学出版总社
	(西安市长安南路 199 号 邮编 710062)
网 址	http://www.snupg.com
印 刷	西安市建明工贸有限责任公司
开 本	720mm×1020mm 1/16
印 张	14.75
插 页	2
字 数	218 千
版 次	2018 年 3 月第 1 版
印 次	2018 年 3 月第 1 次印刷
书 号	ISBN 978 - 7 - 5613 - 9831 - 9
定 价	68.00 元

总 序

2018 年,正值中国改革开放 40 周年纪念之际,陕西师范大学出版总社推出"中国文学人类学原创书系",对改革开放的时代大潮在人文学界催生的这个新兴学科,给出一个较全面的回顾与总结,以便继往开来,积极拓展人文学科的教学与研究新局面,可谓恰逢其时。

50 后这代人的青春岁月,激荡在汹涌澎湃的"文革"浪潮之中。"文革"后的改革开放,相当于天赐给这一代知识人第二次青春。1977 年恢复高考,我们在 1978 年春天步入大学校园,那种只争朝夕、如饥似渴的求学景象,至今仍历历在目。改革开放带来"科学的春天",也第一次带来人文科学方面的世界景观。正如改革的基本方向是向发达国家学习市场经济模式一样,人文学者们也投入全副精力,虚心学习借鉴国际上先进的理论与研究方法。"神话-原型批评"就是当时的新方法论讨论热潮中,最早进入我们视野的一个理论流派。1986 年我编成译文集《神话-原型批评》时,先将长序刊发在《陕西师范大学学报》上,文中介绍原型理论的宗师弗莱的观点时讲道:

物理学和天文学形成于文艺复兴时期,化学形成于 18 世纪,生物学形成于 19 世纪,而社会科学则形成于 20 世纪。系统的文学批评学知识到了今天才得以发展。……正像自然科学体系的建立有赖于把握自然界本身的规律。一部文学作品，它所体现的规律性因素不是作家个人天才创造发明的，而是在文学的历史发展中，在文化传统中所形成的，这种规律性的因素就是原型。

从文学史的考察中可以看到，文学作为一个有机整体，植根于原始文化，最初的文学模式必然要追溯到远古的宗教仪式、神话和民间传说中去。"这样说来，探求原型实际上就是一种文学上的人类学"。

当时无论如何也不曾想到，这样一段话，居然能够准确地预示这一批学人后来几十年学术探索的方向。"文学人类学"这个名称，也就由此在汉语学术界里发端。10年之后的1996年，在长春召开的中国比较文学学会第五届学术年会上，中国文学人类学研究会宣告成立（首任会长为萧兵先生），如今简称"文学人类学研究会"。从研究文学的神话原型，到探索华夏文明的思想、信仰和想象的原型，这一派学者如今正式提出的大小传统理论和文化文本符号编码理论，可以说早已全面超越了当年所借鉴学习的原型批评理论，走出文学本位的限制，走向融通文史哲、宗教、艺术、心理学的广阔领域。

从1986到2018，整整32年过去了，我们也经历了自己人生从而立到花甲的过程。如今我们要解读的是5000多年前的先于华夏文明国家的"文化文本"，阐发的是河南灵宝西坡仰韶文化大墓的神话学内涵。这是当年完全没有预料到的。是问题意识，先把我们引入文化人类学的宽广领域，再度引入中国考古学的全新知识世界，这样的跨越幅度，的确是当初摸索文学人类学研究范式时所始料未及的。

从原型批评倡导的文学有机整体论，拓展到文化符号的有机整体论、史前与文明贯通的文化文本论，这就是我们努力探索近40年的基本方向。自从西周青铜器上出现"中国"这个词语，至今不过3000年时间。2018年2月4日，我第二次给国家图书馆"文津讲坛"开设讲座，题目是"九千年玉文化传承"。今日的学者能够在9000年延续不断的文化大背景中研究

"中国"和"中国文学",这就是从先于文字的文化大传统,重新审视文字书写小传统的一套完整思路。相信这样一种前无古人的理论思路和研究范式,是本土学者对西方原型批评方法的全面超越和深化,这将会引向未来的知识更新格局。

本丛书要展示这40年的探索历程,以萧兵先生为首的这一批兴趣广泛的学人是如何一路走来,并逐渐成长壮大的。本丛书将给这个新兴学科留下它及时的也最有说服力的存照。希望后来者能够继往开来,特别注重不断发展和完善中国版的文化理论和文学理论,包括作为文史研究当代新方法论的三重证据法和四重证据法。

是为丛书总序。

叶舒宪

2018 年 2 月 7 日于北京太阳宫

序 言

　　人类学是 19 ~ 20 世纪以来对人文社会科学产生巨大影响的新兴学科。人类学家马林诺夫斯基曾经在 20 世纪初预言人类学应当成为整个社会科学的基础。到了 20 世纪末,这个预言已经在某种意义上成为现实。因为自阐释人类学、反思人类学和历史人类学等后起的学派兴盛以来,人类学及其所催生的文化批评与文化研究潮流迅猛发展,确实给西方原有的人文社会科学格局与范式带来了具有根本性的挑战与变革契机。

　　在人类学的核心概念"文化"及其整合性视野的辐射下,文、史、哲、经、政、法等旧有的学科边界与合法性问题日益凸显出来,给人文社会科学的学者带来巨大的震动。对学科身份的自觉与重新认同的需要,变成世纪之交具有普遍意义的迫切问题。

　　人类学以研究无文字社会,即所谓"原始社会"、前文明社会为主要任务。这些来自于西方社会迥异的文化他者的信息积累日益增多,使人们在 20 世纪第一次意识到与人类文化多样性相对应的异彩纷呈的"地方性知识"的丰富性与重要性,最后导致了由量到质的知识谱系格局的一场革命性的变化,那就是对原来放之四海而皆准的、定于一尊的西方科学范式的批判性反思,对于过去不假思索地认可为具有普遍性与合法性的西方知识方式与思维方式的空前质疑。与生态伦理学的"生物多样性"概念一起,"文化多样性"(在政治学和国际关系上又通称"多元文化主义")这一概念在历史上第一次开始真正深入人心,成为共识。而保护和珍惜文化多样性对于人类未来生存选择的巨大生态意义也开始在学者、政治家和公众那里由朦胧变得清晰与自觉起来。多元文化的相对主义视角必然会使以西方近代文明和资本主义为特殊土壤的"现代性"和全球化浪潮获得另类审视的可能,从而打破现代性的自满与自蔽,使之陌生化起来。在文化问题的认识上,人类学知识所蕴含的这种深层动力的积极效应和批判性参照的价值是我们特别重视它的理由,也是我们选择这门学科的关键词来梳理当代学术话语谱系,反思现代性问题复杂性的主要依据。

人类学的学科反思已经给我们习以为常的感知—思维方式和语言表述方式带来了质疑,它还势必给既定的知识谱系与学科划分局面也带来反思和重构的有益的启示。像"文明/原始(野蛮)""历史""进化""种族""民族/国家"这样一些最常见的使用频率极高的术语,如今正是高度浓缩地体现着人类学知识大变革的风向标。我们可以通过对这些关键词的谱系学认识和语用学认识来把握这门学科乃至整个当代学术思想变迁的重要理论线索。我们相信,通过对人类学学科的关键词的批判性透视,不仅可以有效地总结这门学科理论层面上当代发展的重要轨迹,认识其对于整个人文社会科学研究所具有的潜在启发意义,而且对于引领知识观与科学观的后现代变革,清理和改变长期以来以"熟知"形式盘踞在我们的学术研究与日常话语里的文化偏见与谬误,都会具有积极的意义。

最后简单交代一下本书合作的由来。我和彭兆荣教授都不是人类学科班出身,却是对人类学有浓厚兴趣的人。1993年在张家界的一次会议上相识以来,我们在文学人类学这个跨学科方向上相互切磋学习,结下了深厚的学术情谊。本书直接缘起于2000年5月,我们在四川大学的一次学术座谈会上碰面，就"原始复归与文化认同"展开对话。当时主持讨论的还有徐新建教授。三人商议合作撰写这样一部集中研讨若干人类学关键词的书，并且明确了各人的分工。后来由于种种原因，这个计划拖了两年，新建兄去了哈佛燕京学社访问，我和兆荣在2002年春的桂林—南宁再度相聚时，交换了彼此的研究成果，并决定邀请我们共同的学友纳日碧力戈研究员加盟撰写他擅长的"族群/民族"词目。该书第一章由我来写，第二章和第三章由彭兆荣教授执笔，第四章则出自纳日碧力戈研究员笔下，所以此书是三人合力的成果，在此一并表示感谢和祝贺。

叶舒宪

目 录

第一章

文明／原始

引论：后现代与后殖民的文明反思

什么是反思？笛卡尔《第一哲学沉思集》"第一个沉思"的开始说："把我历来信以为真的一切见解统统清除出去，再从根本上重新开始。"①这句话最好地解释了西方思想传统中的反思特质。

20世纪的文化人类学家乃至西方思想家对文明的反思，在某种意义上真正具有这种"重新开始"的再启蒙性质。这种反思伴随着普遍的文化寻根运动而展开，其所达到的深度是前所未有的，其效果也是振聋发聩的。反思的直接结果之一，就是引发对"文明"的自我质疑与批判，以及流行数千年的"文明—野蛮（原始）"二元对立模式的翻转。我们过去引以为豪的现代人、文明人的身份，如今已经失去了光环，面临重新认同的两难选择，借用一位人类学家的话来说就是："文明人，原始人，谁将存活？"

我们的文明史是有文字记载的历史。文字的产生和应用被文明人视为和开天辟地一样重要的大事。汉族祖先创作的有关仓颉造字导致"天雨粟，鬼夜哭"的极度夸张的传说，居然令一代代的文明人信以为真。自有文字以来，我们习惯于以文明为最高的文化价值，也习惯于以文明人自

---

① 笛卡尔:《第一哲学沉思集》,庞景仁译,商务印书馆1986年版,第14页。

居,俯视那些尚无文字的,即尚未文明的社会。我们炮制出种种与文明相对的贬义词,并且不经思考也不需要证明地随意使用它们,作为反证我们自己高人一等的文明身份,坚持文明人的基本价值尺度的手段。这类与文明相对的反义词主要有三个,那就是"原始""野蛮"和"蒙昧"。这三个词在使用上语义侧重有所不同。其中"野蛮"一词的使用历史最长,在日常语言中出现的频率也最高。它在很多情况下可以作为后两个词的同义词来使用。有"人类学之父"称号的摩尔根在他的名著《古代社会》中归纳出人类社会进化的三段式普遍模型"蒙昧—野蛮—文明"。在这里,"蒙昧"比"野蛮"还要低一层,二者又都可以归为"原始"。从那时起,这些作为前文明的或落后的、低级的社会文化形态名目的词获得了人类学术语的性质,更加流行一时。在人类学的初创时期,"原始"一词作为学科术语后来居上,逐渐成为本学科中使用频率最高的关键词之一,又围绕着"原始"这个词根派生出有关"原始社会""原始思维""原始文化"等一系列作为人类学学科基础的话语系统。

日本人类学家石川荣吉写道:"自从所谓大航海时代以来,在欧亚大陆西部始终过着比较闭塞的生活的欧洲人,开始向世界各地扩散。他们把在非洲、新大陆、大洋洲、东南亚等地区遇到的人们视为'野蛮人',并把他们所见到的与他们自身社会极不相同的社会称作'野蛮社会'。"[1]在"文明—野蛮"的模式中映现着文明人社会和文化的程式,野蛮被描绘为在这一程式中处于极端的对立面。或者,所谓野蛮即是文明欠缺的状态。区别文明和野蛮的尺度是文明人所能感觉到的。因此,假如除去有关价值判断的部分,作为野蛮社会的属性,常常可以列举如下,并且可以认为这种看法基本上为多数人类学家所因袭。在注重社会和技术的情形下,可以列举的主要特征有:①比较孤立;②小规模;③分工不发达;④统治与被统治的关系尚未充分发展;⑤技术水平低;⑥无文字。[2] 这样的以技术为基础的划

---

① 石川荣吉:《现代文化人类学》,周星、周庆明、徐平等译,中国国际广播出版社 1988 年版,第 199 页。
② 石川荣吉:《现代文化人类学》,周星、周庆明、徐平等译,中国国际广播出版社 1988 年版,第 203 页。

分标准到了 20 世纪末期已经受到尖锐批评。

美国人类学家马文·哈里斯也指出,在 19 世纪,几乎所有受过教育的西方人都坚信所谓科学的种族学(scientific raciology)。他们认为亚洲人、非洲人和美洲土著也能达到工业文明,但只是缓慢地并且只有一部分人才能达到。19 世纪的科学家坚信,他们有科学的证据表明白种人智力高于其他人种,而且有一道不可弥合的生物沟把白种人和其他人种区别开来。他们虽然承认可能有个别的美洲土著、亚洲人或非洲人是天才,但是坚信各种族遗传下来的能力的平均水平是极不相同的。之所以有这样一套种族学理论,是因为 19 世纪欧洲人通过战争、欺诈和贸易几乎征服了世界上的所有人种,而亚洲人、非洲人和美洲土著无力抵抗欧洲军队、商人、传教士和官吏的入侵。这种情况被学者们当作活生生的证据,用以证明欧洲人在生物上优于别的种族。

以种族的理论解释欧洲人对其他人种的政治统治其实是欧洲人的借口,有了这个借口,他们就可以为殖民主义自圆其说,就可以为奴役那些无法抵抗技术先进的欧洲兵力的人自圆其说。现在,学识渊博的科学家已经不愿意用遗传因素来解释欧洲和北美技术暂时领先的原因,因为欧洲并不总是在技术上处于领先地位。[①] 从"科学的种族学"信念到人类学的诞生,西方人对文明和文

在 19 世纪"科学的种族学"偏见中,野蛮人与文明人的差异不亚于类人猿与人的差异。图为苏格兰国家博物馆陈列的人与猿的解剖学对照模型

化的看法发生着巨大转变。其中最值得庆幸的就是人类学给 20 世纪最重要的思想献礼——文化相对主义。"人类学者首先要强调的是,从研究某

---

① Marvin Harris, *Cultural Anthropology*, New York:Haper and Row, 1983, p.31.

一人群或某一文明得出的结论,要与来自其他人群或文明的证据相验证。这样,人类学的发现就超出了任何单一的部落、种族、国家或文化。在人类学的视野中,所有的人群和所有的文化都同样值得研究。因此,人类学反对某些人的观点——他们认为只有他们自己可以代表人类,只有他们处在进步的前列,他们是上帝或历史特选出来依照他们自己的形象来塑造世界的。"这就意味着,文化相对主义的产生和西方中心主义价值观的失效是同一个进程的两面。这样一来,人类考察自身和文化问题获得了前所未有的开阔视野。其结果是:"对人类的经验整体采取这种宽广的视野,我们人类也许可以摆脱我们自己的生活方式所造成的束缚,从而看清自己的真实面目。"①

从比较的角度看,在文明社会,社会组织和权力关系得到较复杂的发展。通过统治和被统治的关系,在集中占有的资源、财富和分配手段等条件下,权力以暴力形式来维系社会稳定,或运用法律的手段,或依靠庞大的军队和警察等武装力量来确保社会秩序的正常运转。这些在前文明的部落社会里是不曾出现的。当然,在从社会组织方面区分文明—原始的不同模式时,也还需要考虑二者的区分是相对的,而不是绝对的。因为:

> 任何社会和文化都不能够被绝对地分为野蛮和文明,而且,实际上也不存在纯粹的只由"野蛮的因素"组成的体系和只由"文明的因素"组成的体系。
>
> ⋯⋯⋯⋯⋯
>
> 如果认为或者相信,"文明—野蛮"的模式,可以穷尽地覆盖人类文化的所有可能性,那便是误解。这一模式,如同反复论述的那样,是从现存文明的一种"本民族中心主义"出发的,因而不是随便能够尽善尽美地成立的。②

---

① Marvin Harris, *Cultural Anthropology*, New York:Haper and Row, 1983, p.4.
② 石川荣吉:《现代文化人类学》,周星、周庆明、徐平等译,中国国际广播出版社,1988,第220、223 页。

由于文明—原始的尺度是文明人单方面提出的,从这里不难看出人类学这门学科的一个自我悖论:文明—原始的模式之建立,和西方民族的我族中心主义价值观密切相关;而这种我族中心主义恰恰是这门学科首先要反对的。我们用一个比喻来说明这种情况,那就是这样一种情形:法庭上的原告一方自己充当了立法人兼法官的角色。因此,以文明自居的人在指控对方原始、野蛮的时候,是不必为自己寻找任何证据或提供任何证明的,正像父权制社会的男性把女性视为"第三性"或劣等性别而不需要证明一样。

19世纪流行的欧洲中心主义世界观,其实是建立在如下白人优越论的种族主义偏见基础上的:在世界上的几大人种中,只有白种人即欧罗巴人种才是代表文明和理性的人种,其他一切人种都在生理上具有遗传的缺陷,因此他们理应受到白种人的统治,接受白种人的宗教和教化。这种偏见虽然在20世纪遭到反复批判,但是仍然具有巨大的传承惯性。美国女性主义学者苏珊·格里芬就从女权立场对此作了描述:

> 显然,男人是由大猩猩进化而来的。
>
> 在地壳下面,有人发现了这块土地的第一批居民。
>
> 他们突出的上下腭和狭窄的前额,表明是一个野蛮的动物,此颅骨类似黑人、蒙古人、霍屯督人和澳大利亚人。
>
> "白人正在改变地球的面貌,甚至在改变和他们差不多相同的人种。"
>
> …………
>
> (据说,霍屯督人野蛮,他们的语言是各种动物声音的大杂烩,就像类人猿谈话一样。)
>
> (曾听说,南美有些种族,他们的语言差异如此之大,以致在黑暗中就不能交谈。)
>
> (据报道,黑人像猩猩和黑猩猩,在青春期后难以教诲。)
>
> (发现,在低等种族之间的共同点是,腹部下垂,呆头呆脑,衣服单调,猿人脸型。)

发现女人像黑人,平底脚,盆骨显著倾斜,使她显得不太直,步态不稳。

至于黑人的智力,有几分像孩子,或女人,或老年白人。

女人的大脑比较小,头形接近婴儿和那些"下等人"。①

苏珊·格里芬的这些话清楚地表明男权主义的压迫和种族主义的压迫是如何相互交织而发挥作用的。由此不难理解:当代思想变革中的女性主义为什么和后殖民主义、生态主义相互认同并结为联盟,为什么女性(第二性)、黑人和其他少数族裔(二等人种),以及各种处于边缘地位的弱势话语群体,都要相互认同并且联合起来向占据统治地位的白人男性的主流文化霸权势力发起挑战。

上述论述表明,这种出于种族主义的文明—原始划分,在西方人那里曾经是最普通最常见的解决文化问题的工具。早在古希腊罗马时代,西方人就把居住在阿尔卑斯山以北的游牧的凯尔特人视为野蛮人。到了近现代,他们依然把凯尔特人的后裔苏格兰人和爱尔兰人看成是落后种族和欧洲境内的野蛮人、原始人。马文·哈里斯《文化人类学》教科书中举过这样一个例子:19世纪,英国人认为爱尔兰人是劣等种族,但爱尔兰人在美洲却取得了经济上的成功。在解释这种情况时,种族主义者就会假设爱尔兰人的基因突然发生了变化,或认为那些爱尔兰移民的基因比较特殊。②

用种族的优劣高下或遗传特性来解释不同人种在历史上的兴盛与衰落,显然是传统偏见作用下的产物。人类学出现之后,才算开始有了从文化方面而非生物方面解释人类行为差异的科学途径。正因为这样,20世纪的人类学家把人重新定义为"文化动物"。这个定义包括了两方面的含义:一方面指文化是区别人与其他生物的尺度,另一方面指文化是区分不同人群的尺度。

---

① 苏珊·格里芬:《自然女性》,张敏生、范代忠译,湖南人民出版社1988年版,第41—42页。

② Marvin Harris, *Cultural Anthropology*, New York:Haper and Row, 1983, pp.42-43.

然而,就在西方的人类学开始倡导文化相对主义的原则之际,在受到西学东渐强烈影响的非西方国家,此类"文明—野蛮"(或者是"进步—原始")的对应公式却悄悄地成为人们思考文化和历史问题的固定思路。近代中国人熟悉的"自强保种"说,就不自觉地接受了西方的种族主义价值观影响。我们开始放弃自古以来的天下中心观("中国"意味着天下中央之国)①,承认自己的文化比西方落后或野蛮。其间,反思批判的声音虽然间或也有,但与对文明和对西方式现代化的热切向往和颂赞相比,就显得微乎其微了。

　　日本的思想家福泽谕吉在 19 世纪末著《文明论之概略》,提倡用发展的眼光看待"文明",区分出野蛮、半开化和文明三个阶段②,并且认为西方代表文明,当时的中国处在半开化阶段,而南部非洲各国则滞留在野蛮阶段。这完全是 19 世纪进化论历史观和社会达尔文主义的东方翻版。根据这一历史阶段模式,福泽谕吉认为效法西方文明道路是世界上后进国家的必由之路:"现在世界各国,即使处于野蛮状态或者还处于半开化地位,如果想使本国文明进步,就必须以欧洲文明为目标,确定它为一切议论的标准,而以这个标准来衡量事物的利害得失。"③这样一种文明观其实就是地地道道的欧洲中心主义历史观。它先在明治维新以后的日本,后在辛亥革命以后的中国获得广泛的传播,成为现代性从西方移植到东方的最常见的思想基础。

《文明论之概略》日本原版书封面

　　谁知一个世纪之后,这种唯西方文明马首是瞻的思维定式遭到西方思

① 　关于中国人的天下中心观的历史分析,参看叶舒宪、萧兵、郑在书:《山海经的文化寻踪——"想象地理学"与东西文化碰触》,湖北人民出版社 2004 年版。
② 　福泽谕吉:《文明论概略》,北京编译社译,商务印书馆 1959 年版,第 11 页。
③ 　福泽谕吉:《文明论概略》,北京编译社译,商务印书馆 1959 年版,第 11 页。

想家自己的清算。华勒斯坦等提醒说：在思考社会科学问题或面对社会科学方面的争论时，我们不要忘记历史地构成西方社会科学之基础的那些主要的矛盾。其中的一个矛盾，就是文明世界与野蛮世界之间的矛盾。

华勒斯坦等不仅提出这一对纵贯西方思想史全程的老矛盾，而且还特别注意到："今天几乎不再有什么人公开地为这种对立进行辩护了，然而实际上，它仍然盘踞在许多学者的意识深处。"[①]这种"文明"对"原始"（或"野蛮"）的思维定式为何长久地"盘踞在许多学者的意识深处"呢？

只有到了后殖民主义和后现代主义充分洗礼过的思想时代，彻底反思"文明—原始"价值偏见模式的理论任务才提到议事日程上来。后现代思想的里程碑之作——法国哲学家利奥塔尔的《后现代状态：关于知识的报告》，对此做出了知识社会学视角的独到解释。

利奥塔尔希望通过叙事的危机来说明当代社会所发生的变革。他把"后现代"解说为对元叙事的怀疑。[②] 书中提出一种二分的知识观：实证主义的知识观和批判的、反思的知识观。前者认为知识很容易应用于技术，如同培根名言所说的"知识就是力量"，知识可以转化为生产力。这是典型的元叙事或"宏大叙事"。后者则认为知识是权力的共谋，它的力量是有正负两种效应的。为了避免其遮蔽、驯化和控制人的副作用，必须去揭示和批判其构成及生产知识的社会本身。出于这种清醒的判断，他希望把知识的发展和传播引向"知识的批判功能"[③]。书中描述了信息化社会中随着新兴的技术官僚阶层而出现的权力关系的变化，国家无法控制的资本和信息的流动及其对传统的挑战。

在《后现代状态：关于知识的报告》的第三章，利奥塔尔从维特根斯坦那里借用了"语言游戏"的概念，以此作为他展开后现代知识社会学考察

① 华勒斯坦、儒玛、凯勒等：《开放社会科学——重建社会科学报告书》，刘锋译，生活·读书·新知三联书店 1997 年版，第 104 页。
② 让-弗朗索瓦·利奥塔尔：《后现代状态：关于知识的报告》，车槿山译，生活·读书·新知三联书店 1997 年版，第 2 页。
③ 让-弗朗索瓦·利奥塔尔：《后现代状态：关于知识的报告》，车槿山译，生活·读书·新知三联书店 1997 年版，第 26 页。

和质疑近代西方思想传统中的科学霸权的分析工具。利奥塔尔一再强调他是从语用学的角度看待"语言游戏"概念的,"说话就是斗争。语言行为属于一种普遍的竞技"。

19世纪40年代,马克思把人的本质还原为现实的社会关系。一个半世纪之后,利奥塔尔把社会关系的本质还原为更加具体的"语言游戏"。正是通过游戏规则之下的语言游戏活动,人才体现出作为符号动物的本质。他说:"可观察的社会关系是由语言的'招数'构成的。我们弄清了这个命题,就触及了问题的关键。"从他的这种语用学方法来看,所谓"科学知识"也是一种语言游戏的产物,只是这种语言游戏的规则与日常叙事的语言游戏规则不同罢了。第七章《科学知识的语用学》对非科学知识(叙述知识)的排挤和压制,说明这样一种根深蒂固的不平等现象:叙述知识虽然不理解科学知识的话语,但是它并不排斥对方,而是宽容地把科学话语当成叙述文化的一个品种来接纳。利奥塔尔讲到这里,特别用了一个注解提醒人们注意:土著人在面对西方人类学家的解释时那种谦虚的态度,反过来看情况就完全不同了。科学知识从来就不承认叙述知识的合法性,认为那是未经证明的、不可信的东西:

011

> 科学知识把它们归入另一种由公论、习俗、权威、成见、无知、空想等构成的思想状态:野蛮、原始、不发达、落后、异化。叙事是一些寓言、神话、传说,只适合妇女和儿童。在最好的情况下,人们试图让光明照亮这种愚昧主义,使之变得文明,接受教育,得到发展。①

除了"最好的情况",坏的情况是怎样的,利奥塔尔没有讲。但是对于熟悉人类学的人来说,"文明"与"野蛮"冲突的结局是不言而喻的:要么是武力的征服,要么是土著文化的自动灭绝。科学知识和非科学知识间的这

---

① 让-弗朗索瓦·利奥塔尔:《后现代状态:关于知识的报告》,车槿山译,生活·读书·新知三联书店1997年版,第57页。

种不平等现象,是由游戏规则的差异造成的。利奥塔尔希望在此基础上勾勒出西方"整个文化帝国主义史"的唯我独尊的霸道逻辑:给不符合科学的语言游戏规则的一切都贴上"野蛮"或"原始"的他者化、另类化标记,让它们的存在成为西方知识先进性和优越性的反证。在此之后,利奥塔尔写的《禁绝偶像》一文又揭示了如下事实:自认为唯我独尊的西方文明,早在起源之际就通过犹太文化和希腊文化吸收了中、近东地区的古文化成分。这些成分用列维-施特劳斯的术语来说就是"野蛮的"(野性的),用弗洛伊德的术语来说则是"图腾文化"。犹太教用"禁绝偶像"的条例来和古代的图腾文化划分界限,但这并不意味它和野蛮文化没有渊源关系。① 利奥塔尔的这一思路被英国人类学家亚当·库柏所继承,他在1988年出版的《发明原始社会》一书中,认为现代西方学术中流行的"原始社会"概念,就是殖民时代以来为了反证西方文明社会之先进性与优越性而发明出来的一套话语。

从以上讨论可以看出,《后现代状态:关于知识的报告》的语言游戏说引申出一个重要的后现代命题:科学和宗教一样,也具有导致专制的可能。利奥塔尔对西方知识系统合法性的这种深刻质疑,成为通向后现代科学观的一个起点。我们在诸如"科学也疯狂""科学已终结"一类当今流行的措辞中就不难看到后现代主义思潮对现代科学观一贯的乐观主义倾向的反击。②

更为重要的是,生产出科学话语规则的、奉行科学崇拜的西方文明其实远远达不到其所标榜的民主理想境界,反倒是被其蔑视的"原始社会"和"野蛮人"表现出更多的宽容与民主,较少的专制与独断。

遗憾的是,利奥塔尔对发达资本主义社会后现代知识状况的敏锐诊断和批判,传播到后发展的中国学术界几乎完全变了味。20世纪90年代,拥抱后现代成为超越现代和前现代羁绊的一厢情愿的捷径。理论界和创作界都出现了以争当后现代"教主"为时髦的热闹景象。从官方社论到民

---

① "Lyotard, Figure Foreclosed," in *The Lyotard Reader*, ed. Andrew Benjamin, Cambridge: Basil Blackwell, 1989, p.70.

② 约翰·霍根:《科学的终结》,孙拥军等译,远方出版社1997年版;埃德·里吉斯:《科学也疯狂》,张明德、刘青青译,中国对外翻译出版公司1994年版。

间书商炮制的畅销快餐读物,诸如"知识经济"和"知本家"之类的呼声不绝于耳。然而,究竟有多少人能体会到,这种用新的宏大叙事来替换旧的宏大叙事的做法,给一部分拥有技术的知识人"下海"发财提供了合法化的话语,却与利奥塔尔要求发挥知识批判的初衷恰恰背道而驰了。

结合后殖民的学术思想变迁这个大背景,重读《后现代状态:关于知识的报告》,反思中国知识界对这部后现代主义的思想代表作的文化误读,重新思考利奥塔尔所警示的西方文化帝国主义逻辑与科学专制,对于我们认清西方现代性的话语导向中潜含的主宰性力量,警惕文化殖民的新现实,是有积极意义的。

一、"原始主义"及其历史根源

文化寻根是全球化趋势下一种反叛现代性的普遍反映。在过去的20世纪,西方文化寻根发展成为波及范围最广的思想运动和民间文化复兴运动,在理论上也催生了一大批重要的思想成果,其中以人类学领域的成就最为卓著。然而,在像中国这样的发展中国家或后发展的现代化国家,无论是各级政府领导还是大学师生、学术界人士,因为忙于追随西方的现代化,忙于与国际接轨——不论是科学技术、国民生产总值,还是人均收入,所以对西方资本主义的主流意识形态了解较多,而对西方文化寻根方面的成果,特别是文明反思的卓越见解,却没有足够的注意和整体的了解,形成知识上和思想上的盲区也就在所难免。本章评述的几部著作虽然在西方引起了广泛的反省和讨论,但中国学界却几乎无人知晓。大部分盲从西方资本主义生产方式或醉心于其经营管理方式的人,恐怕也根本不想去了解。这正是本书要用矫枉过正的方式来突出文化寻根中的原始主义重要性的原因所在。希望这些成果的评述和讨论能够有助于我们了解较为完整的当代西方社会和西方思想。

作为文明人的文化寻根之源头,关于原始文化的想象早自文明伊始就伴随着社会意识与个人的记忆不断发展演化,在不同的历史时期变换成不

同色彩和价值的参照景象:妖魔化的或者乌托邦化的。这里主要探讨 20
世纪西方文化思想中的"原始情结",特别是文化人类学对原始人的人格、
生存状态、生活质量与生态关系的整体研究和理解,及如何在思想史上第
一次向全世界揭了长期罩在迷雾之中的所谓原始社会的真相,又如何反
过来促进了对文明人偏见和文明社会弊端的尖锐反思与批判。

在帝国主义的殖民时代为白人学者所建构出的作为科学研究对象的
"原始社会"和"原始思维",对社会思想起着巨大的牵引作用,并对知识分
子的文化认同产生重要影响。让我们的认识从弥漫 20 世纪文学艺术史的
"原始主义"及其历史根源入手。

从历史上看,西方人对遥远的文化他者即原始人的关注和想象从柏拉
图时代就已经拉开了序幕。① 原始主义作为进步主义历史观的对立面,也
早在西方思想的源头就有所表现了。古希腊神话把"黄金时代"放在天地
开辟以来人类的第一个时代,这就多多少少给人们留下了向过去寻找理想
状态的怀古幽思,开了原始主义作为一种思想传统的先河。荷马史诗和
《旧约》的伊甸园神话都暗示了人性从天真无邪到堕落的必然性,这就从
根本上肯定了人们怀念原始纯真时代的价值判断取向。每当对现存状况
不满时,最容易产生类似于"复乐园"的模式化冲动反应。

阿瑟·洛夫乔伊(A. O. Lovejoy)和乔治·博厄斯(G. Boas)合写的名
著《古代的原始主义及相关思想》提出,在古希腊哲学家中就可以看到这
样一种极端形式的原始主义:动物在总体上看要优于人类。② 这种观念在
今天的动物保护主义者和生物权利的呼吁者那里复兴了。

"高贵的野蛮人"作为想象的人格形象,从古希腊历史学家希罗多德
笔下的塞西亚人(Scythians)到今日美国影片《与狼共舞》中的拉科塔(La-

---

① Stanley Diamond, "Plato and the Difinition of the Primitive," in *Primitive Views of the World*, ed. Stanley Diamond, New York: Columbia University Press, 1964; *Other Peoples' Myths*, W. D. O. Flaherty, New York: Macmillan, 1988; *Images of Savages: Ancient Roots of Modern Prejudice in Western Culture*, Gustav Jahoda, London: Loutledge, 1999.

② Arthur O. Lovejoy and George Boas, *Primitivism and Related Ideas in Antiquity*, Baltimore: Johns Hopkins Press, 1935, pp. 389-420.

kotas）印第安人，两千年来一直存在。古罗马的伦理学家塞涅卡在其《道德书信》中说，古代文学的修辞总是强调自然状态之下原始人身体的优越性，他们没有艺术和财产的连累，他们生活的各个方面都是安详的——那是既朴实又简单严峻的生活。① 另一位古罗马的思想家卢克莱修则认为，文明人是由野蛮人发展进化而来的。在技术和物质生活方面，是文明人高于茹毛饮血的野蛮人；在体魄和寿命方面，是野蛮人强于文明人。其《物性论》第五卷写到人类起源时的野蛮状态：

> 那时候陆地上的人是结实得多，
> 也应该这样，因为生长他的
> 是一个更结实的大地，
> 在体内他是由更大更坚实的骨骼构成，
> 在肉体里面和粗壮的肌肉结合着。
> 他也不容易受不习惯的食物
> 或寒热或身体的病痛所伤害。
> 在天空中绕行的太阳又经过了
> 许多个五年，人们却还过着
> 一种像野兽那样到处漫游的生活。
> 那时候没有健壮的人驾着弯曲的犁，
> 也没有人知道用铁器去耕作田地。
> ············
> 大地当时自动地
> 创造出来的，已经是足够的礼物
> 来使他们的心快乐。他们大半都是
> 在橡实累累的橡树间养息身体。②

---

① Arthur O. Lovejoy and George Boas, *Primitivism and Related Ideas in Antiquity*, Baltimore：Johns Hopkins Press, 1935, p. 263.

② 卢克莱修：《物性论》，方书春译，商务印书馆1981年版，第320—321页。

可见当时的思想家就把野蛮人设想成体格和道德优于文明人而物质条件和技术水准低于文明人的存在。卢克莱修还以非常超前的警觉意识到这样一点：在自相残杀的规模和残忍程度方面，也是文明人超过野蛮人。

> 但是，比起现在，在那些日子
> 并没有多得多的人带着哀号
> 离开了生命的甜蜜的时光。
> 诚然，那时候更常会有人
> 被野兽用爪牙攫住来吞食
> …………
> 但是那时候
> 却不会一天功夫就葬送了成千累万
> 在战旗底下迈步进军的士兵。[1]

我们在葬送了上亿的人类个体生命的 20 世纪结束时，在后"9·11"时代的恐怖气氛中，面对人体炸弹横行于闹市的当今世界，回想卢克莱修当年的超前警觉，自然会有对现代文明弊端的深切体会。这位哲理诗人不仅洞察了文明比野蛮更加残忍的一面，而且还揭示出导致文明人更加疯狂的贪欲：

> 所以使人的生命
> 充满忧苦焦虑、使他们疲于战争的，
> 在昔日是兽皮，今天是紫袍和黄金。
> 在这方面，更值得责备的我想是
> 今天的我们：因为如果没有兽皮，
> 寒冷就会折磨那些赤身的土著，
> 但是我们如果不穿那些镶着金丝

---

[1]　卢克莱修：《物性论》，方书春译，商务印书馆 1981 年版，第 323—324 页。

饰以纹章的紫袍,也毫无害处,

只要我们有普通人的衣服来保护身体。

这样,人们永远在苦役中而毫无所得,

把自己的年华消耗在无用的忧虑上面——

这无疑地是因为他还没有认识

什么是占有的限度,还没有认识

真正的快乐增加到什么地方就该停止。

正是这种想要得到更好更多的欲望

一步一步地把人类一直带到了

大海深渊,并且从深深的水底

把巨大的战争的浪潮激扬起来。①

文明、野蛮的对比非常清楚地揭示出随着文明脚步而来的人性变异问题,可以说先于卢梭而预见到文明本身所带来的最大负面作用。这就给文学家发挥怀古之幽思、设想人类早期状况提供了黄金时代理想之外的较为理性的观点。

中世纪的基督教思想相对压制了原始主义的发展,文艺复兴之后随着古希腊思想的再度登场,原始主义也重新流行。艾拉斯莫斯 1511 年的《愚人颂》在某种意义上先于卢梭公开表达了文明人对原始人道德高尚的赞赏。大诗人弥尔顿 1628 年在剑桥发现人人手里都有一册《愚人颂》,可见这本书在 17 世纪流传之广。蒙田也赞美过野蛮人生活接近自然状态的美妙;蒲柏将没有文明教养的印第安人奉为人之楷模;1669 年英国诗人德莱顿的英雄剧《格拉那达的征服》被认为是思想史上第一次使用了"高贵的野蛮人"这一措辞的例子②:

我自由得就像大自然首次造出的人,

---

① 卢克莱修:《物性论》,方书春译,商务印书馆 1981 年版,第 348—349 页。

② Hoxie N. Fairchild, *The Noble Savage*, New York:Russell Press, 1928, p. 29.

在基本的奴役的法律问世之前，

那时高贵的野蛮人在大森林里奔跑。

细心的人会从这里看出，马克思设想的原始社会被奴隶社会所取代的观念，在德莱顿的诗剧中已显露出了苗头。

文艺复兴以来西方思想中原始主义的复兴，在哥伦布 1492 年发现美洲新大陆的事件刺激之下，一下子获得了新的想象景观。在新大陆世代生息的淳朴天真的印第安人，成为欧洲人自古相传的原始人神话终于得以全面证实的现实活标本。航海家、探险家和传教士的各种相关报道和描述，更加刺激了文人创造性想象力的发挥。表现异国情调的原始伊甸园景观成为一种写作的时髦，尽管与此同时也有种种妖魔化的表现模式，乃至把原始人说成是食人生番的蛮族魔鬼。

《玛利亚啊！我向您致敬》

这是高更在南太平洋的一个小岛塔希提上完成的系列作品之一，在这幅画中可以看到他借土著人朴实的生活来表现他对现代文明与人性的思考、对现实的彷徨与恐惧。

18世纪的浪漫主义者不满在他们之前的启蒙运动的理性主义,厌弃大机器生产的喧嚣与单调,要求退回到资本主义以前的淳朴田园社会。原始主义情绪弥漫在整个浪漫派文学艺术运动之中。其中最引人注目的是思想家卢梭对"自然之子"的推崇,以及对文明进步与道德退化的逆反现象的忧虑,这在后来的思想史中都引发了无尽的回响。卢梭的同胞高更放弃巴黎的资本主义大都市生活,到南太平洋岛屿的原始人部落中追寻自己的伊甸园之梦;英国小说家毛姆以高更的这种逆反式人生追求为原型,创作了令文明人羡慕不已的著名小说《月亮与六便士》。至此,"文明人,原始人,谁将存活?"的问题已经非常鲜明地摆在敏感的西方知识分子眼前。高更的名画《我们从哪里来? 我们是谁? 我们往哪里去?》其实就是"谁将存活"问题的另一种提问方式。只要看看该画面中文明人的焦虑猥琐和原始人的静谧安详所形成的强烈对比,艺术家对两难问题的答案的选择其实已经很明确了。

《我们从哪里来? 我们是谁? 我们往哪里去?》

在高更生活的时代(19世纪末20世纪初),西方人说"上帝死了",在画中高更表达了人类的这种精神危机以及对终极信仰的苦苦追求。

20世纪现代主义作家对遥远的异国情调和淳朴的原始文化的迷恋完全继承了卢梭的理论和高更的实践,表现出更加强烈和持久的兴趣。这种兴趣从个别先知先觉者的异端性举动发展成为具有普遍性的思想倾向。其背后的深刻的社会历史原因是,两次世界大战摧毁了西方文明赖以自豪的理性进步幻想,这就相当于在根基上动摇了资本主义社会的精神支柱。

与生物进化论相配合的直线进步的历史观遭到放弃,与黄金时代神话相呼应的循环论历史观再度以理论体系的方式得以呈现,那就是德国哲学家斯宾格勒的《西方的没落》一书的宗旨。该书用有机生命的周期来看待文明盛衰的命运,"把世界历史看成一幅无止境地形成、无止境地变化的图景,看成一幅有机形式惊人地盈亏相继的图景"①。文学批评理论家弗莱深受斯宾格勒有机循环论历史哲学的影响,把《西方的没落》称为"世界上最伟大的浪漫主义诗篇之一"②。弗莱还效法进化论人类学与斯宾格勒的历史哲学模式,为西方文学的发展演变也描绘出一幅以神话为起点和回归的周而复始的循环图景。③ 可以这样说,循环的历史观和文学史观的现代登场不仅呼应着西方远古神话的黄金时代原型,而且也给原始主义的想象赋予了一种具有现代性宏大叙事特点的历史哲学框架。

阿瑟·洛夫乔伊和乔治·博厄斯在他们的书中为原始主义做出了详细的划分,共有十一种类型。如果删繁就简,则可以归结为两种主要类型:历史的原始主义和文化的原始主义。历史的原始主义认为人类历史上存在过原始的理想社会,因而抱有一种向后看的复古主义的回归价值观;文化的原始主义则只要求简朴纯真的生活理想,这种理想并不必然回溯到历史的某个已经逝去的时期。美国人类学家威廉·亚当斯则提出第三大类型的原始主义:父系的(家长政治的)原始主义(paternal primitivism)。④ 由于人类学对无文字民族的大量调研陆续问世,我们在下文中涉及的几部著作几乎都可以算作文化的原始主义这一思路在人类学研究中的代表性作品。

---

① 奥斯瓦尔德·斯宾格勒:《西方的没落》(上),齐世荣、田农、林传鼎等译,商务印书馆1963 年版,第 39 页。

② Robert D. Denhhan, *Northrop Frye On Culture and Literature*, Chicago:The University of Chicago Press, 1978, p.33.

③ 弗莱:《原型批评:神话理论》,见叶舒宪编:《神话 - 原型批评》,陕西师范大学出版社1987 年版。

④ William Y. Adams, *The Philosophical Roots of Anthropology*, Stanford:CSLI Press, 1998, p.77.

二、从"原始思维"到"作为哲学家的原始人"

　　人类学作为西方殖民化历史进程的学术伴生物,其研究对象一开始就定位在发现新大陆以来世界各地的原始人社会。有"人类学之父"称号的英国人类学家爱德华·泰勒,在 1871 年出版了他为这门新兴学科奠基的代表作——《原始文化》。从这个书名就可以看出,人类学的问世标志着西方知识界关注原始人和原始文化的努力已经转向学科建制的方向。此后的一个世纪,欧美各国以人类学为职业的学者迅速增多,仅 20 世纪后期美国人类学会的注册会员就多达五千人。随着这门学科的迅猛发展,西方知识分子对原始人的认识发生了激烈的转变,从对原始文化的单纯的认识和了解,到重新评价原始人的生存价值及其对文明社会的启示和反思作用。在这一转变过程中,西方思想传统的原始主义发生了根本性的转折,"高贵的野蛮人"首先变成了"作为哲学家的原始人",随后又发展成堕落的文明人借以反观自身的人格榜样。美国人类学家保尔·拉定是对这一转变具有直接贡献的主要功臣。他于 1927 年出版(1957 年增订版)的《作为哲学家的原始人》①一书为重新定位原始人的精神和智力品行奠定了理

————————

① Paul Radin, *Primitive Man as Philosopher*, New York:Dover Publications, 1957.

论基础。著名哲学家杜威在为该书写的前言中说:"拉定博士的著作开辟了一个几乎全新的领域";"很容易想象他的贡献成为原始人生活的专业研究者中间热烈争论的一个中心,几乎是一场风暴的中心"①。

争论似乎是由拉定本人挑起的。他在书的自序中首先质疑了进化论派的人类学观点,批评以爱德华·泰勒的《原始文化》为首的人类学著述具有根本性的误导:原始人代表着文化进化历史上一个早期阶段。他还质疑了人类学与一般社会科学中更加危险的一种简单化的分类:把所有被认为是原始人的族群不加区别地看成同类,不论是古朴的非洲布须曼人、高度发达的玛雅人和阿兹忒克人,还是澳洲原住民和玻利尼西亚岛民。② 拉定还在书中向当时甚为流行的列维-布留尔(Levy-Bruhl)的"原始思维"说发难,认为列维-布留尔完全低估了原始人的思维水准,把他们看成是没有能力区分主体客体,没有逻辑的或前逻辑的神秘思维者。这位法国人——列维-布留尔在拉定的书中被称为"哲学家",似乎拉定并没有把他当成自己的人类学同行,尽管他在1925年创办过人种学研究所。

列维-布留尔1910年发表的法文著作《低级社会中的智力机能》,以及后来的《原始人的心灵》(1922)和《原始人的灵魂》(1927),论述的是同一主题,形成了有关"原始思维"的系统理论。他把"地中海文明"所属民族的思维与不属于"地中海文明"的民族(即亚洲、非洲、大洋洲、南北美洲的有色人种)的思维做了比较,确认二者的智力水平是不一致的。这样,他实际上把欧洲以外的人统统划入"原始"即低级社会之列了。中国文明在他的这一归类中也难免落到与"原始"和"低级"为伍的地步。其实,原来他研究"原始思维"的直接动因就在于看了司马迁的《史记》法文译本,从天人感应的历史叙述中发现了"原始"的例证。后来他搜集到遍布五大洲的相关素材,写成这部争议极大的著作。他确认原始思维的特征是神秘的和前逻辑的。他用来说明他认为的特征的专门术语有两个:其一为"集体表象"(collected pércépt),其二为"互渗律"(principle de participation)。

---

① Paul Radin, *Primitive Man as Philosopher*, New York:Dover Publications, 1957. p.17.

② Paul Radin, *Primitive Man as Philosopher*, New York:Dover Publications, 1957. p.9.

中国人的例子一再被他举出来,用以说明这些特征。"绪论"第一句话就试图为"集体表象"下定义:

> 所谓集体表象,如果只从大体上下定义,不深入其细节问题,则可根据所与社会集体的全部成员所共有的下列各特征来加以识别:这些表象在该集体中是世代相传;它们在集体中的每个成员身上留下深刻的烙印,同时根据不同情况,引起该集体中每个成员对有关客体产生尊敬、恐惧、崇拜等感情。①

第一章为说明集体表象如何给原始人的知觉带来神秘性质,首先举出的例子就是中国的。这是列维-布留尔从传教士们不无偏见的汉学著述中找到的,并不是他来中国实地考察的结果。列维-布留尔这种缺乏直接田野作业经验材料支持的异文化研究方式显然与"摇椅上的人类学家"弗雷泽等人一脉相承。这种方法上的偏失和取材的随意性也许就是美国人拉定不把他当作人类学家的理由:

> 格罗特写道:"在中国人那里,像与存在物的联想不论在物质上或精神上都真正变成了同一。特别是逼真的画像或者雕塑像乃是有生命的实体的 alter ego(另一个'我'),乃是原型的灵魂之所寓,不但如此,它还是原型自身……这个如此生动的联想实际上就是中国的偶像崇拜和灵物崇拜的基础。"格罗特为了加强自己的论点,引述了整整一系列故事,这些故事根本不近情理,但在它们的中国作者看来却是完全合乎自然的。例如,一个年轻寡妇能够从她丈夫的泥土塑像那儿受孕生孩子,肖像变成活人,木制的狗可以跑,纸做的如马一类的动物能像活的动物一样行动……从这里很容易转到在中国极为流行的一些风俗,如在死者的

---

① 列维-布留尔:《原始思维》,丁由译,商务印书馆1981年版,第5页。

坟上供纸糊的兽,烧纸钱,等等。①

接下来列维-布留尔又举出美洲印第安人和非洲部落的例子,作为在中国发现的原始思维现象的补充证明。我们如果反问一下:欧洲文明人在教堂圣餐礼仪上把面包当成基督的肉体,把红酒当成基督的血来分享,难道不是出于和中国人烧纸钱一样的思维逻辑吗?集体表象如果真的存在,那它在西方白人那里也是同样有效的。只是由于文化身份的限制,列维-布留尔只能从文化他者那里去发现"原始"。即便到了晚年著述《原始的神话》(1935),他承认适用于古希腊的"神话"一词也同样适用于澳洲和大洋洲的土著,但仍是念念不忘将早期著述提出的"前逻辑"作为原始人思维不同于理性的证据。②

至于互渗律,指的是主体通过某些方式(如仪式、巫术、接触)与客体相互认同的神秘意识特性。用他自己的的表述是:"在原始人的思维的集体表象中,客体、存在物、现象能够以我们不可思议的方式同时是它们自身,又是其他什么东西。它们也以差不多同样不可思议的方式发出和接受那些在它们之外被感觉的、继续留在它们里面的神秘的力量、能力、性质、作用。"③具体说来,互渗律就是支配集体表象间相互联系的原则。它包括人类情感意志向两个方面的投射:人向物的参与或渗透,人将自己的思想情感投射到对象世界,使对象和人一样享有情感、灵性和德性;物向人的渗透,人将自己同化于对象之中,认为自己具有对象的某种特性。图腾信仰被看成原始思维神秘互渗的明证:特鲁玛伊人说他们是水生动物,波罗罗人自夸是红金刚鹦哥。④ 其实,正是在这种物我认同的独特感知方式中,原始人克服了外部世界与自己的隔绝与对立,达成了在灵的层面上与万物的沟通与合一。

当代比较宗教学认为,萨满教的意识状态之所以能够达到这种神秘的

① 列维-布留尔:《原始思维》,丁由译,商务印书馆 1981 年版,第 37—38 页。
② Levy-Bruhl, *Primitive Mythology*, St. Lucia:University of Queensland Press, 1983, p.7.
③ 列维-布留尔:《原始思维》,丁由译,商务印书馆 1981 年版,第 69—70 页。
④ 列维-布留尔:《原始思维》,丁由译,商务印书馆 1981 年版,第 70 页。

泰国王宫前的人鹿合身金像

萨满式感知—思想方式的一大特点是不区分主客体的对立关系，而是在迷幻中体认人与动物的生命同质性。从两万年前欧洲史前壁画中的鹿角巫师到当代泰国王宫前的人鹿合身金像，这种与文明人抽象思维迥异的萨满信念依旧在文明史的底层传承。

物我合一境界，就是因为萨满思维建立在人与物之间相互感应的基础上。狩猎的生活方式决定了人靠自然的赐予生存。每个人都不占有什么，也不生产什么，一切来自自然。萨满教的中心在于使人取得所需，人们相信动物是有灵的，与人的灵魂是可以交流的。只有获得动物灵魂的同意，才可以去猎取动物。萨满是族人的代表，帮助族人得到好运气，打到猎物，获得动物的生命力，也就是动物的血肉，以维持生命。猎人需要通过规定的仪式才能取得猎物。人生活在人与兽交换的状态，萨满的职责是让人偿还得少一些、晚一些，从动物那里获得得及时一些。所以萨满要有能力取悦自然与神灵，从而保证部落获得实惠。这其实是一种联姻的形式。萨满思维不把主体和客体相对立，也就是不把人和自然相对立。由此看，所谓"原始思维"发源于人与自然的非对立关系，自有它合理的和优越的一面。如今西方盛行的新萨满主义运动，就是希望回归到这种天人关系，挽救包括人类在内的地球生灵，从而避免生态灾难。①从这一意义上看，被列维-布留尔视为"低级"落后的原始思维，倒是今日西方文明人需要有所学习和效法的。

列维-布留尔把原始人的思维看成是与文明人的思维不同性质的东

---

① 叶舒宪：《新萨满主义与西方的寻根文学——从"唐望故事"到〈赛莱斯廷预言〉》，载《东方丛刊》2002 年第 4 期。

西,强调二者之间的不可沟通性:"集体表象有它自己的规律,不能以研究'成年文明的白种人'的途径来发现这些规律,特别是牵涉到原始人。"[1]拉定和列维-布留尔针锋相对,他认为原始人也和我们文明人一样,拥有发达的智力水平和惊人的智慧成果。他不去夸大西方人与原始人思维方式上的差距,而是寻找二者之间的实际联系。他认为,甚至西方白人引以为豪的哲学,其实也是从原始人那里发端的。他借鉴人类学广泛的田野作业资料,从一些重要的哲学性命题入手,分别论述原始人关于生命观、世界观、人类观、命运、性别、是非、现实、自我与人格、纯粹思辨、观念的系统化、神性、一神倾向等方面的思想,揭示这些思想对于西方哲学范式普适性价值的挑战作用。例如,关于"自我"(ego),过去西方人一向认为原始人没有"自我"的观念。拉定举出毛利人作为西方偏见的反证:毛利人不仅有"自我"的观念,而且其复杂深刻的程度比西方的有过之而无不及。毛利人认为所有生命的存在都有四种要素:永恒的元素、自我(死后消失)、鬼魂和身体。自我又由三种要素构成:动力要素、生命力或人格、生理要素。毛利人把动力要素称为"卯瑞"(mauri),它以两种方式出现:物质的和非物质的。物质的"卯瑞"是积极的生命原则,它实际上可以是任何的物体。非物质的"卯瑞"则是其象征。在北部新西兰,一棵树在一个婴儿出生时栽种,这棵树便可以被看成这个孩子的物质的"卯瑞"。[2] 毛利哲人对身体的阐释也同样贯穿着物质的与非物质的区分原则。由如此细微的分析理性所构成的自我观不仅强调了人格的多元性质,而且也强调自我向过去与未来的延伸。自我的这些组成要素可以暂时脱离身体,并且同他人的脱离身体的自我要素发生关联。这样,"个人对其他个人的影响,个人对外部世界的作用,都与西方人所能想象的完全不同了"[3]。面对如此精微细致的思想观念,西方的文明人不下功夫深入学习是根本无法理解的。谁还能随便附和列维-布留尔的老调,蔑视原始思维是"前逻辑"的呢?

---

① 列维-布留尔:《原始思维》,丁由译,商务印书馆1981年版,第5页。

② Paul Radin, *Primitive Man as Philosopher*, New York:Dover Publications, 1957, p.261.

③ Paul Radin, *Primitive Man as Philosopher*, New York:Dover Publications, 1957, p.264.

1960 年美国哥伦比亚大学推出了《原始人的世界观》作为纪念拉定学术贡献的论文集。书中收有当代神话学泰斗坎贝尔的文章《作为形而上学家的原始人》①，从题目就可看出西方文化投射在原始人身上的野蛮、落后色彩已经消失殆尽，他们静穆而淳朴的人格风范，作为反衬陷入物质主义、工具理性、科技崇拜和增长癖而不能自拔的西方文明人的一面文化借镜，越发显出难能可贵的一面。

印第安萨满像

被殖民者视为野蛮人的印第安民族，在惨遭屠杀与瘟疫之后，如今人口已被消灭了十分之九。在纽约的自然史博物馆中陈列的印第安萨满像，至今仍是西方文明人眼中的另类他者。

美国比较宗教学家休斯顿·史密斯指出，远古的或原始的宗教信仰给物质的真实加上了一个现代人看不见的"精神向度"。我不能不提到萨满巫师这一独特的人物类型，在部落社会中广泛流传但却并非普及。他们可以越过象征符号而直接见到精神实像。我们可以把萨满想成精神大师，所谓大师可定义为：其才能无论是在音乐、戏剧、数学还是其他任何领域，都特殊到属于完全不同等级的地位。早年受到严重的身体上和情绪上的创伤，萨满能自我医疗并重新整合自己的生活，即使不能运用宇宙的力量，也能运用心灵的力量。这些力量可以令他们与各种善的和恶的精灵打交道，从前者吸取力量而在需要的时候对抗后者。② 从这里可以看出，原始思维如果真是有别于理性思维，那么它代表着人看待宇宙万物的另外一种方式。无疑，这是文明和现代性所要摧毁的东西，而且它确实在世界上绝大部分地区已经被摧毁和取代了。

---

① Joseph Campbell, "Primitive Man as Metaphysician," in *Primitive Views of the World*, ed. Stanley Diamond, New York：Columbia University Press, 1964, pp. 20-32.
② 休斯顿·史密斯：《人的宗教》，刘安云译，海南出版社 2001 年版，第 409 页。

由于这种重新认识和重新估价,如今开通的宗教界人士大多已经放弃了对先前一度轻蔑地指为"异教徒"的传教计划,甚至有人要反过来向那些异教徒学习了。用史密斯的话说即是:"钟摆反而朝反方向摆动去浪漫化原初人了。由于对科技社会毫不留情的功利主义,以及它似乎无节制的摧毁人类和地球的力量感到惊慌,城市人现在希望或许能有一个基本上不同的生活方式,他们拉上原初人来支持这个希望。作为当权者的后代,面对先人向无权者进行种种轻蔑、掠夺和摧毁时,不免产生内疚之心。"①这是白人对土著的内疚,也是文明对原始的内疚。面对地球上日益消失的原始,文明为什么会在 20 世纪感到如此的不安和内疚呢?

①　休斯顿·史密斯:《人的宗教》,刘安云译,海南出版社 2001 年版,第 409 页。

三、没有异化的人：《寻找原始人》

就在泰勒的《原始文化》问世百年以后，一部足以代表文化人类学转向的名为《寻找原始人》的大著，1974年出版于美国。作者斯坦利·戴蒙德也正是14年前为拉定编纪念文集《原始人的世界观》的人。他身为美国社会研究学院人类学系教授、主任，曾经在西部非洲、阿拉伯村落和易洛魁族印第安人部落做田野作业，可以说对亚、非、美三大洲的"原始人"均有直接的接触和了解。他积累了多年来的调研资料，记下大量的笔记，在深思熟虑后终于写成这部充满忧患意识的书。可惜中国翻译和介绍的大批人类学著述中以古典进化论派为主，根本没有人提到过戴蒙德的这部具有强烈反思批判精神的书。吴尔福教授在为《寻找原始人》所写的序言中说：

> 西方世界的危机也是人类的危机，它不仅限于社会的、经济的和技术的问题，还关涉到我们对人的定义和真正的理解。我们生活在一个我们自豪地称为"文明"的社会中，但是我们的法律和机器却都享有了它们自己的生命，它们同我们精神的和生理的生存相对立，用来解放我们的科学，把我们关进抽象的牢房。职

业学者之手把概念变成了痴迷的对象,消磨掉了激情。人类的学生试图通过抽象的模式去捕捉快速流动着的人类现实。人学变成了政策科学,即控制人的学问,完全背离了人的本性。由于不断增长的技术体系所产生的错误意识广泛流行,对人性构成了否定,因此本书作者要唱出反调,以警醒世人。①

书中要解答的核心问题是:到哪里去寻找没有从激情与劳动中异化出来的人类生存呢?戴蒙德给出的答案只有一个词:原始人。通过与过去的和现存的原始人的交流,并且同我们自身的原始能力的交流,我们才可以创造出一种形象或景观,一种生活观。这种生活观过去曾经引导全人类,现在只引导一小部分人了。它比我们自己的生活观更加丰富。现在摆在文明人面前的任务是向原始人学习。这一任务可以分解为三个方面:像原始人那样去理解原始世界,用原始人的观点反思我们自己的世界,把这两种视界联系起来思考我们未曾洞悉的人的本质。进化论人类学只承认原始人是人类生涯中的一个阶段,戴蒙德则强调原始人也是人类存在的一个基本方面。只有通过相互对照才会凸显出各自的缺陷。

戴蒙德呼吁建立一种全新的人类学,提出在原始与文明之间对话交流的新的可能性。我们作为生活在现代文明民族国家意识形态中的人,大部分已经基本丧失了独立于民族国家的人之外进行思考的能力。我们必须返回根去。用马克思的话说,根就是人类。无文字无国家的人类状况是人的根本性状况。戴蒙德用归根的办法来给文明解除神秘化,具体展示原始社会中的生命样态。②

在自序中,戴蒙德期望人类学家负起责任:如果这门学科不能为人类提供一种可能性,那么它就没有希望,没有生长点。人类学家期望一场革命性变革的发生,如同5000年前开启了文明的那场变革。只有通过解决

---

① Diamond, *In Search of the Primitive : A Critique of Civilization*, New Brunswick, New Jersey : Transaction Books, 1974, p. 11.

② Diamond, *In Search of the Primitive : A Critique of Civilization*, New Brunswick, New Jersey : Transaction Books, 1974, p. 13.

原始/文明的冲突，才有可能治愈历史的创伤。他希望把该书变成"对于现代帝国主义文明的异化、罪恶、焦虑与恐惧的一副解毒剂"①。这副解毒剂的配方是如何的呢？戴蒙德从对文明的重新定义入手，让为文明所遮蔽的人们意识到它本质上罪恶和血腥的一面：

> 文明起源于对外的征服与对内的压迫。二者互为表里。人类学其实误用了涵化、影响一类词语。文明总是征服。看一看欧美帝国主义对南越的"影响"吧，再看看进驻新英格兰地区的盎格鲁撒克逊人吧。他们很少向印第安人和原住民学习。在罪恶的贩奴历史中，那些来自非洲的黑奴为南美的音乐贡献了非洲的节奏。在这些例子中，总是一个文化社群主宰，另一个服从。文化的传播与斗争密不可分。文明一方总是带有原罪：征服与政治压迫。大部分的被征服者不能读和写。有人说他们没有历史。这个假设错在把历史当成文献了。正如一位剑桥的教授所言：非洲没有历史，只有欧洲人在非洲的历史，其余是一片黑暗。②

为什么没有文献记载，没有文字的使用，就被说成一片黑暗呢？这是文明人的自大幻觉广泛流行的结果。我们从汉语的一组反义词就可以透视此种文明自大狂心态。有"文"则"明"，于是美称"文明"。有文字的人看那些没有文字的人好像处在黑暗中，或是睁眼瞎，所以才有"文盲"这样的蔑称来指代那种睁眼瞎状态。戴蒙德指出，文字最初用于税收和管理，是官方的历史工具。显然，文字是由服务官方的官僚发明的。民间的口传文化传统源远流长，礼仪活动和日常生活、工具的制造和使用，本来都不依赖于文字，更无须文字的反映。而文明的强迫性仪式是书写。强制性的官方的现实观念也都由文字所代表的单一认识模式来体验和表现。这种单

---

① Diamond, *In Search of the Primitive：A Critique of Civilization*, New Brunswick, New Jersey：Transaction Books, 1974, p. 15.

② Diamond, *In Search of the Primitive：A Critique of Civilization*, New Brunswick, New Jersey：Transaction Books, 1974, p. 3.

一性的现实的固定化情形,在人类学者的工作中就不难看到:他们用文明化的方式去记录仪式形态的多样表现、婚姻和继嗣的方式、行为的编码等。这恰恰表明了科学的不足之处。马林诺夫斯基在日记中讲到,他想记录特罗布里安德岛民的巫术语之完美,但是却无法做到。这就是一个生动例子。

文字是文明的最初的神秘之一。文字把复杂的经验都简化为书写的语词了。此外,文字给统治阶级提供了理想的权力工具。上帝的话成了永恒大法,只有祭司们才能充当中介人。因此,易洛魁人与欧洲人相遇后要说:"圣书是恶魔写的。"

由于文字的发明,象征变成了明白的,失去了原有的丰富性。人类的语词也停止了对现实的无穷探索,成为可以用来反对自己的符号。萨特深知此中道理,这也是他的自传《语词》的潜在主题。书写把意识一分为二,文字比口说更加具有权威性。这样自然会贬低口说的意义,破坏口头传统。一些具有特权的人可以利用文字在政治上控制他人。书写超越了记忆,使对事件的官方的、固定的和永久的记录成为可能。在早期文明中,只要写下来的,就必然被当成真实的。

鲁迅写过《人生识字糊涂始》一文,可是,识字为什么导致糊涂,鲁迅并没有做出充分的说明。美国的著名学者休斯顿·史密斯对此有精当的解释。他在论述原初社会的口传文化特征时,旁征博引了相关的人类学著述,提出识字的如下几种弊病,很值得参考。

首先是生命交流方式的终结。在有文字以前,人们只靠说话来交流。说话是多面性的交流方式,是情景的交流方式,而文字则是单一性的和脱离情景的。"说话是说话者生命的一部分,且由于如此而分享了说话者生命的活力。这给予它一种可以按照说者以及听者的意愿来剪裁的弹性。熟悉的话题可以通过新鲜的措辞而重新赋予生气。节奏可以引进来,配以抑扬、顿挫、重音,直到说话近乎吟诵,讲故事演变成了一种高深的艺术。"这使我们联想到民间文学工作者在西藏采集到的世界最长史诗《格萨尔》的演唱,老艺人与观众出神入化的互动式表演,还有长达两千盘磁带的录音记录,几乎是文明人无法想象的。他们只知道根据书斋里的那些僵固的文字记载去争论"中国为什么没有史诗"的虚假命题。

识字的第二个弊端是减弱了人的记忆力。"如果我所需要的已经写在某处,我还花力气说它干什么?"这正是书写人对记忆的态度。不难看出如果没有图书馆情况会多么的不同。比如,盲人的记忆是传奇性的。我们还可以加上这样一则来自新海勃来底斯(New Hebrides)的报道:"儿童的教育是教他们听和看……没有书写,记忆是完美的,传统是精确的……每一个儿童学到的一千个神话(往往一字不差,一个故事可以持续好几个小时)就是整个图书馆。"他们怎么想我们呢?白人影响之后,原住民轻易地学会了书写。他们认为书写是一种奇怪而无用的表演。他们说,难道一个人不能记忆和说话吗?为西方文学开篇的荷马自己就是盲人,而《周礼》说当时朝廷上为王者师的"瞽宗"们、蒙瞍们,也都是根本不可能识字的盲人。再次对比《格萨尔》艺人持续三天三夜的演唱,文明人的记忆力已经衰退到了什么程度就不言自明了。

识字的第三个弊端在于终止了人的诗意的生存。一个英国旅游者到非洲部落访问后回来说:"不像英国制度,一个人可以不用接触诗而度过一生,乌拉昂部族制度用诗来作为舞蹈、婚嫁和种植农作物不可缺少的附属物——所有的乌拉昂人都参加这些集会,作为他们部落生活的一部分。如果我们要举出使英国乡村文化衰落的一个因素的话,我们应该说是识字。"

我们从这位善于反思自身的英国旅游者的话中,分明已经看出"作为文化批评的人类学"的苗头了。原来哲学家海德格尔所向往的"诗意的栖居"不在别处,在无文字社会的现实里就可以多少觅得踪迹。再回想一下哲人所说的"诗是人类的母语",我们现代人在文字垃圾、广告轰炸和媒体欺骗的包围之中难以自拔,距离我们人类的"母语"是越来越遥远了。

同样道理,《周易》里说的"鸿渐于陆",《诗经》里说的"七月流火",都是无文字时代妇孺皆知的自然"天书"启示,可是到了方鸿渐的时代,留洋的博士也未必能读懂了。也就是说,受读字书的浸染越深,读天书的能力就越差。文字改变了人的自然状态,切断了人与自然的原初性融合关系。最后,史密斯引用人类学家雷丁的话来总结识字的弊端:"由于字母的发明,使我们整个心理生活以及整个对外在事物的领悟,都出现了混乱,并且字母的整个倾向是要提升思想与思考以作为一切真实的唯一证据;这些情况,从来都没有在'部落'民族中出现过。"①当然,我们不可能轻易附和他们这些不无偏激的说法,而回归文盲状态,但是这些说法毕竟可以帮助人们去反思以前很少考虑的文明副作用的一面。人类历史会不会在文字异化与人性异化的极点去重演"焚书坑儒"的悲剧呢? 20 世纪的思想史上的语言学转向已经教会人们警惕"语言牢房"的禁锢,而人类学转向则又把"文字牢房"的命题交给我们了。

文字既然在发生时期是统治者的特权,当然包含了巨大的历史遮蔽和统治者的偏见。有文字的历史总是由征服者来书写,大部分人则永远是默默无声的,至今依然如此。文明的上层阶级把自己的地位说成是上帝决定的,所以我们根本无法知道青铜时代的中国普通农民的真实状况,他们想的是什么,受的是什么苦。莎士比亚似乎早就知道此中的奥妙了,所以他说探索人的灵魂只能看王公贵族。

人类有文字记载的历史充分证明:在文明传播自身的初始阶段,征服与驯化、压迫是密切联系在一起的,其结果是被征服者沦为下层阶级或奴隶。5000 年前,这一过程从古埃及开始,随后文明的殖民推向地中海地区。西亚的美索不达米亚也从公元前 2500 年拉开文明征服的帷幕,出现了城邦制文明。再过 2000 年轮到雅典,希腊人进入文明。公元前 416 年,柏拉图居然拒绝承认米洛斯岛人(Melos)的居民权利。原来文明总是要强加的。这种强迫的压抑不像弗洛伊德讲的那样出于心理动力的需要,或者出于社会生活的压抑条件。它是文明人对野蛮人或原始人的阶级压迫。被征服的原住民转变为农民,成为文明国家的生产支柱。如果按照马克思、摩尔根、拉定、柴尔德的思路,原始社会是一种原始共产社会,那么文明到来以前的新石器时代的社会性质也可以如此判定。②

① 休斯顿·史密斯:《人的宗教》,刘安云译,海南出版社 2001 年版,第 398 页。

② Diamond, *In Search of the Primitive:A Critique of Civilization*, New Brunswick, New Jersey: Transaction Books, 1974, p.8.

马林诺夫斯基曾说到,在原始社会存在着五个"没有"现象,即"没有富人,没有极权者,没有人受压迫,没有失业者,没有未婚者"。中国境内新石器时代文化遗址屡屡发现的"长屋"或大房子,最长者达 80 多米,且伴有公共粮仓。作为公有的或者共产的社会聚居的实物见证,似乎可以把五个"没有"从现存的原始人推向阶级和文明产生以前的漫长的史前时代。① 马林诺夫斯基作为功能派的人类学家,原来是物理学博士。因为到澳洲去养病而赶上第一次世界大战爆发,回不了国,偶然去了南太平洋岛屿,了解到"原始人"的生活实况。他的五个"没有"判断不是因袭西方思想传统的原始主义神话,而是基于自己在岛民社会中的实际观察。马林诺夫斯基的说法当然会引起争议,但是毕竟在相当程度上回应了没有田野作业经验的马克思、恩格斯关于原始共产主义社会无阶级无压迫的理论推测。不过按照马克思主义的观点,原始社会代表着物质生产的低级阶段,它必然要被阶级社会所取代。马林诺夫斯基和戴蒙德却不这样认为,他们并不主张用"进步"尺度去衡量原始人的"落后"性。戴蒙德写道:"进步的问题很关键。这个观念的来源很古老。古文明就是以自我为中心的,它总是把自己想象为代表人类的最高发展成就。古代的埃及、中国、希腊,以及封建的欧洲教会都把自己说成是无与伦比的,近代的帝国主义就更不用说了。近代以来,民族主义成为一种常见的政治武器,而'进步'也沦为帝国主义的辩护词了。军事侵略和经济掠夺也都假'进步'之名而为之。"②

如果说用文明人的进步观去衡量原始社会有认识论上的偏差,那么能不能找到原始社会自己的进步观呢?"原始社会理解的'进步',主要指个人生长的现实,即'由生到死的人生之路'。这是一种通过社会而实现的进步,而不是社会本身的进步。假如说西方的进步概念可以用于原始社会,那么就是精神转变的一种隐喻,表示个体生命循环的各个阶段。"③从

---

① 苏繁奇主编:《中国通史》第二卷,上海人民出版社 1994 年版,第 251—253 页。

② Diamond, *In Search of the Primitive:A Critique of Civilization*, New Brunswick, New Jersey: Transaction Books, 1974, p.38.

③ Diamond, *In Search of the Primitive:A Critique of Civilization*, New Brunswick, New Jersey: Transaction Books, 1974, p.40.

这种文化相对论的意义上理解"进步"问题，是戴蒙德为人类学和整个社会科学话语分析所作出的重要贡献。通过与原始人的"进步"观相对照，他发现，"是现代文明中的系统矛盾产生了我们的社会进步观念。然而，在原始人那里，矛盾已经得到解决。西方人总要为其优越性寻找具体证据，因为他要代表进步的西方，代表文明本身"①。这样的话语分析点明了西方进步观背后发挥作用的是西方中心主义和白人优越论。即使倡导文化相对主义的人类学者有时也难免不自知地陷入这种偏见。戴蒙德举出美国人类学史上博厄斯与克鲁伯两位人物提出的进步观三大尺度：①科学技术水平；②反对谋杀、奸淫和偷盗的道德伦理的发展；③财富、安全与舒适的增长。②

戴蒙德对这一标准的看法是，这些人类学者忽略了冲突和异化的问题。按照马克思意义上的进步观，异化和进步是成正比的。异化达到极致就要带来解放自身的契机，只有达到解放，我们才可以说进步。它通常是一种"原始的复归"（a primitive return）③。其实，退一步说，即使我们认同博厄斯与克鲁伯的进步三尺度，也很难判断当代西方文明比原始人进步。因为除了第一尺度"科学技术水平"以外，西方文明与原始社会相比并

索姆河边一包扎所的惨状

第一次世界大战毁灭了近千万人的生命，伤残 2000 多万。文明进步的启蒙理念在鲜血和白骨堆面前不再服人了。1916 年英法与德国军队激战，第一天就断送了 6 万英国青年。

① Diamond, *In Search of the Primitive：A Critique of Civilization*, New Brunswick, New Jersey：Transaction Books, 1974, p.41.

② Diamond, *In Search of the Primitive：A Critique of Civilization*, New Brunswick, New Jersey：Transaction Books, 1974, p.43.

③ Diamond, *In Search of the Primitive：A Critique of Civilization*, New Brunswick, New Jersey：Transaction Books, 1974, p.48.

不进步,甚至反而大大退步了。比如第二尺度,关于"谋杀"方面,现代的国家恐怖主义动用一切武装力量所能达到的杀人能力,与原始社会相比超过了千万倍。两次世界大战杀死了数千万人,这个数字比史前世界的人口总和还要多。像德国法西斯的毒气室和犹太人集中营,美国原子弹在日本非军事目标城市的爆炸,日本军在南京的大屠杀等,不论在杀人的规模上还是在杀人的残忍程度上都远远超出了古朴的原始人的想象!文明人犯下的杀人罪是宇宙有生命以来 40 亿年历史中绝无仅有的。至于第三尺度,"财富"如果仅指物质财富,那么无疑文明人比原始人的积累多得多,但是"安全"却不能说增长了。文明人想象原始人曾经有"乱婚"(群婚)状态,这一假设在全世界范围的人类学作业中没有得到证实,然而文明人自己的性乱交导致艾滋病泛滥,使最发达的社会走向世界末日;核武器随时有可能毁灭我们的星球已经不是天方夜谭。

美国"9·11"以后的种种社会问题大暴露,危机感笼罩整个社会,炭疽菌事件和枪击事件接二连三,闹得人心惶惶。可以说,自有人类以来还没有像当代文明这样不安全的时代。

纽约世贸大厦

在纽约世贸大厦楼顶俯视大都市的景观,在"9·11"事件后已经不复存在。人类学家把我们的文明比喻为社会恐龙,揭示了"进步"与"发展"幻象背后的毁灭性危险。

冷战结束后,绝大多数知识分子的反应是从社会主义或反资本主义计划中退出。技术专家治国论解决方法的吸引力,连同回到自由民主政治和自由市场资本主义一起,都意味着批判观点的放弃。全球资本主义的意识形态也是充分利用"进步"假象来迷惑公众,强化技术专家治国论的话语霸权,批判性对抗似乎被进步形象所压倒。这种进步的形象是与"物质增长、消费主义、自由经营和高技术革命联系在一起的"[①]。

我们可以说,戴蒙德的《寻找原始人》不是在理论层面上陈述欧洲人传统的原始主义,而是试图借助田野观察的经验,为西方社会重构出一种正面的或者是中性的原始人形象,使之成为与西方文明平起平坐的社会样态,成为重新理解文明道路在世界上是否具有唯一合法性的现实参照。

欧洲白种人优越论和欧洲中心历史观均受到激烈的批判。在此背景下回顾进步的图式,把欧洲列强摆在历史前行的先锋地位,殖民和扩张也就自然成为合理、合法的事情。戴蒙德在原始与文明间出入自如,其互为客体、互为对象的思路,给反思人类学的发展提供了非常及时、有效的研究经验和理论坐标,为后继者重新确认自己的文化认同树立了积极的楷模。

---

① 卡尔·博格斯:《知识分子与现代性的危机》,李俊、蔡海榕译,江苏人民出版社 2002 年版,第 235 页。

四、生态和谐中的人:《原始人的挑战》

　　现代人类学家"寻找原始人"尝试的另一代表著作是罗宾·克拉克和杰弗里·欣德利合著的《原始人的挑战》[1],这部书仅仅比《寻找原始人》晚一年问世。两位作者分别在 20 世纪 60 年代初毕业于剑桥和牛津,算得上是英国白人知识分子中的精英。可是他们在文化身份的认同方面却和美国的戴蒙德一样,以原始人为尊贵和理想,借原始文化为镜,反思批判西方文明的失误和偏向。书名所说的"原始人的挑战",指的就是向西方文明的挑战,西方人被卷入无法控制的技术社会自我膨胀之中,就好像刹车失灵的机动车冲向山下,无法阻挡。既然社会现实的发展完全不同于理性所预期的那样,那么西方人自我炫耀的理性本身就显得荒诞起来。我们虽然很自豪地宣称今人的寿命要比古人长,我们对付苦难和疾病的能力也与日俱增,然而现实却不断告诉我们,我们加工处理过的食物会导致一整套新疾病族群的产生,我们昂贵的医疗费用中有一大部分要拿出来对付从西方生活方式本身派生出的疾病。这样的批判看法确实不能看作"高贵的野蛮人"传统的简单延续,当然也不仅仅是卢梭对文明与道德反比关系论述

---

[1] Robin Clarke, Geoffrey Hindley, *The Challenge of the Primitives*, London:Jonathan Cape, 1975.

的当代重复。

《原始人的挑战》在写法上不同于《寻找原始人》,它由四章组成,分别从自然世界、社会世界、经济世界和精神世界四方面,以专题比较的方式展开"原始人"向文明社会的挑战。第一章第一节"第一个富足社会",从长时段的历史时间上审视我们今日的文化,使之在深度历史感透视之中得到相对化,打破现代文明人习以为常的那种厚今薄古的自大心态和思维定式:

> 人在这个星球上已经存在了大约 200 万年。在所有这些时间里,人靠从大地获取食物而存活下来。百分之九十九的时间里他都是靠渔猎和采集来获得食物的。农业仅仅有一万年多一点的历史,工业社会只不过才 300 年。在地球上曾经有过的 800 亿人口中,百分之九十是狩猎采集者,百分之六是农人,只有剩下的百分之四是依赖于农业的工业化社会成员。[①]

如果说历史是一面反观自身的镜子,那么通过这样的时空定位,我们可以对自己生存其中的这个所谓现代社会的"非常态性质"(atypical)有所察觉。既然是非常态的,那么就无须为其合理性或者典型性加以全力的理论辩护了。相反,这倒启发敏感的知识分子去质疑现存的生活方式,询问为什么我们会陷入这样的生活方式而不能自拔。我们没有充分理由去轻视占了人类历史"百分之九十九的"时间狩猎采集人及其生活方式,像戴斯芒德·莫里斯(Desmond Morris)在《裸猿》一书中所说的那样:"他们是古老的文化停滞的见证,既不正常,又很不成功,以至于处在灭绝的边缘。"

恰恰相反,我们自己生活其中的这个社会也许才是不正常的或濒危的。"技术社会迄今已有 300 年的历史,它至多还可以发展 200 年。"这是

---

① Robin Clarke, Geoffrey Hindley, *The Challenge of the Primitives*, London: Jonathan Cape, 1975, pp. 21-22.

两位作者较为悲观的看法。他们认为取代技术社会的新社会形态现在虽然尚不可知，但是不外乎出现两种可能：或者是现有的生活方式在一场大灾难中终结，人口急剧减少，人们重新回到狩猎、采集和原始农业状态；或者是我们成功地调整现在的工业化生活方式，开辟另一种能够长期生存下去的方式，不再饥不择食地在数十年内耗尽地球数十亿年才积累起来的资源。

无机事者必无机心

昆人携带物品和婴孩的常见姿势，美国人类学家理查德·B.李绘制。

作者回顾了近十年来人类学兴趣转向生态、人口与自然资源比例方面的情形，认为这种新的关注基本上扭转了过去对原始人生活状况的偏颇印象：贫困、饥饿、多病和短寿。新的生态人类学观点推翻已有成见的逻辑依据在于，如果说原始人生活真是那么艰辛、粗陋和没有保障，那么寿命就不能说是缺陷，而应是特点了。正像阿列克斯·康福德机智地指出的：关于原始人的判断如果对我们自己的生活的描述同样有效，那就应该说是"艰辛的、粗陋的和长命的"。难道我们还能说我们比原始人寿命长就是"进步"吗？

作者引述了人类学考察队在20世纪60年代对非洲北部卡拉哈里大沙漠边缘的昆-布须曼人的调研结果，描绘出一个仅靠采集维生的部落如何每周只工作14小时，而大部分时间在消闲、社交与娱乐的生活景象。最值得关注的是，昆人极小的消耗资源的生活方式保证了人与自然界之间的均衡关系。这和物欲横流并且矛盾重重的资本主义社会现实形成了尖锐的对比。昆人的工作量只是西方社会中普通人的三分之一，而卡拉哈里又是地球上最不适合人类生存的、生态条件极差的地区。

昆人在这样艰苦的环境条件下是怎样维持他们相对富足而闲暇的生活呢？人类学家发现昆人了解并且命名的植物达200多种，动物有220种。在所有这些物种之中，有85种植物和54种动物共同构成昆人餐桌上的食物。那些认为原始人的营养超不出两三种物种范围的文明人对此发现一定会感到不可思议。罗宾·克拉克和杰弗里·欣德利非常幽默地奉劝文明人不如检讨一下自己的日常食谱中究竟有多少动植物种类。[1] 值得庆幸的是,昆人的主要食物 Mongongo 坚果含有丰富的热量和蛋白质,它能够提供的日均能量是每天 1260 卡路里和 56 克蛋白质。这相当于食用两磅半大米所含的热量和 14 盎司牛肉所含的蛋白质。人类学家还统计了一个月的时间里昆人狩猎的收获情况:杀死的动物有 18 只,提供肉食共454 磅。每人日平均数是略多于 9 盎司生肉,可提供大约 35 克动物蛋白。这个数字超过了当今美国人日均摄入动物蛋白质的量,比第三世界人日均摄入的全部动物蛋白(包括鱼类和鸡蛋)总量要多 3 倍以上。"对营养状况调查统计的总结论是,昆人日均摄入 2140 卡路里热量和 93.1 克蛋白质。"[2]这个蛋白质的摄入量是很高的,当今世界上能够超过这个数量的国家实在屈指可数。

  由于人与自然之间处于和谐均衡状态,昆人根本没有食物匮乏这个概念,至少在我们文明人使用这个概念的意义上,昆人是无法理解的。食物永远是唾手可得的,而且是可变换的。我们关于原始的狩猎采集者生活在饥饿的边缘,为糊口而艰难挣扎的想象图景,面对昆人的现实不攻自破了。[3] 昆人根本不需要拿出全部精力来谋取食物。部落中的老弱病残是不参加狩猎采集活动的。大自然提供的 Mongongo 坚果似乎取之不尽,大部分都没有被采集,它们落在地上,最终自行腐烂。假如大地的产量与人的食物需求更加接近的话,那么昆人就不能生活在没有匮乏、饥荒等概念的状态下了。我们熟悉的中国式说法中的理想生活状态,比如"棒打狍子瓢舀鱼,野鸡飞到饭锅里",看来不一定是夸张或者虚构。中国道家圣人

---

[1] Robin Clarke, Geoffrey Hindley, *The Challenge of the Primitives*, London:Jonathan Cape, 1975, p. 23.

[2] Robin Clarke, Geoffrey Hindley, *The Challenge of the Primitives*, London:Jonathan Cape, 1975, p. 24.

[3] 参看博格曼《狩猎之人的文化史》(Charles Bergman, *Orion's Legacy:A Cultural History of Man as Hunter*, London:Plum, 1997)。

描述的那种小国寡民的社会理想，什么"不织而衣，不耕而食"，什么"鼓腹而游"，过去都被认为是想象出来的乌托邦，现在对照 20 世纪的昆人生活实况，可以确认其相对的历史真实性。如果我们能够从后现代伦理角度重新估价道家的生态观与社会理念的意义，那将会是"原始情结"之外的又一宝贵思想借镜。①

马文·哈里斯根据人类学的新调研资料，有力地反驳了一个在文明社会流传已久的神话："我们文明人比原始人享有更多的空闲时间。"他指出，那是一种关于工业社会和前工业社会生产模式的常见的错误观念：工业社会的工人比他们前工业社会的祖先要有更多的空闲时间。然而，事实刚好是相反的。今天典型的工厂工人每星期工作 40 小时，每年有三星期假期，他们每年需要工作近 2000 小时，而且工厂的工作条件在狩猎和采集时代的人们看来或许是"非人的"（inhuman）。当那些劳工领袖夸口说为工人阶级争取空闲时间获得多么大的进展时，他们想到的只是与"文明化"的 19 世纪欧洲所建立的标准（当时的工人每天工作 12 小时或者更多）相比，而不是同昆人的标准相比。②

马文·哈里斯还从近年来大量积累的人类学报告中注意到，关于总人口每天的活动模式，最好的研究之一是由艾伦·约翰逊（Allen Johnson）在马奇根加人（Machiguenga）中做出的。那是秘鲁安第斯山东面乌鲁巴姆巴河上游地区的刀耕火种人群。艾伦·约翰逊以随机抽样方式调查了 13 户人家全年内在每天早 6 点至晚 7 点之间的活动。他的研究结果以表格形式表现。此表说明，已婚男子和女子在生产食物、准备食物以及制造生活必需品如衣服、工具和房屋等方面每天分别要用 6 小时和 6.3 小时。作为对比，美国的城市中靠工资为生的工人，除了每天要在工厂工作 8 小时以外，还要算上上下班乘车的时间，以及购物、打扫、做饭和日常家务的时间。相比之下，马奇根加人显然是大大领先了。③

①　叶舒宪：《道家伦理与后代精神》，见乐黛云、李比雄主编：《跨文化对话》（五），上海文化出版社 2000 年版，第 130—145 页。

②　Marvin Harris, *Cultural Anthropology*, New York: Harper & Row, 1983, p. 53.

③　Marvin Harris, *Cultural Anthropology*, New York: Harper & Row, 1983, pp. 53-54.

这里有必要再从现代性视野中举出一个稍早的例子,看看工业文明时代的人们普遍引以为豪的现代文明的生活方式,如果和原始到了极点的非洲部落的生活相比,究竟是进步了还是倒退了:1841 年美国的著名实验社区——布鲁克农场所留下的传世文献《抵御对物质的欲望》,呼唤美国人迎接工业化社会的到来,并且希望人民秉承和发扬清教精神,以克服物欲的威胁。

> 为了建立起高效高产的工业体系,为了让我们的需求得到满足,以抵御对物质的欲望……现特设以下条例:
> …………
> 第五条　社团成员不论男女按照社团的指示和利益所做的工作,将获得固定的等额报酬。报酬每天不超过一美元,且每天工作不得超过十小时。[①]

河南南阳汉画像石中的驯虎图

文明人征服万物的狂妄之心驱使他们视动物为奴仆。

看到这样的对比资料,尽管选择资料的立场可能有被认为是先入为主的嫌疑,我们对马文·哈里斯的如下判断还是更加容易理解了:"被我们

---

① J. 艾捷尔编:《美国赖以立国的文本》,赵一凡、郭国良主译,海南出版社 2000 年版,第 194—195 页。

视为进步标志的许多东西实际上只是重新达到史前人类普遍的享受标准而已。"①

《原始人的挑战》第一章第二节"食物的农民与美元的农民",把北欧的瑞典式原始农业——刀耕火种方式,与现代化的农业展开对比:在化学工业和拖拉机生产的双重刺激之下,现代农业在追求单位土地产量方面已经登峰造极,食物生产转向成为一种工业。② 从纯技术的角度看,这当然容易被理解为征服自然的一大"进步"。然而,它和资本主义的所有工业一样,建立在大量消耗能源和严重改变自然承受力的基础上,以追求规模化集约化生产的市场利润为根本目的,而不是像传统农业那样以提供食物为目的。伴随这种农业生产性质的变化,原来的"食物的耕种者"也就变成了今天的"美元的耕种者"。这对环境带来的不利影响是可想而知的。较新的估计出自美国系统哲学家拉兹洛,他在 1992 年提交罗马俱乐部的报告中指出:如今世界可耕地的面积日益减少,因化肥和机械的使用而导致土地的贫瘠化日益严重。"现有耕地的地力正在下降,再也不能通过进一步增加化肥用量得到补偿。这就意味着,从粮食中得到的能量赶不上日益增加的人口对能量的需求。"③显然,纯粹依赖技术进步来解决人口与资源比例的失调,难免令人类陷入恶性循环的怪圈而不能自拔。我们习惯的"提高生产力"一类乐观的说法,换用生态人类学家马文·哈里斯的术语,应该改称"生产的强化"。在他那里,生产的强化与人口的增长和资源的枯竭正是由农业时代以来人与自然关系发生根本变化后始终无法逃脱的环环相扣的恶性怪圈。④ 可见,单纯发展经济生产和技术,其实也是一种新的愚昧,一种自以为聪明其实反被聪明误的走火入魔。它已经把人类引入了一种危机四伏的不归之路。只因为当今时代越发显示出人类在这条

① 马文·哈里斯:《文化的起源》,黄晴译,华夏出版社 1988 年版,序言第 2 页。
② Robin Clarke, Geoffrey Hindley, *The Challenge of the Primitives*, London: Jonathan Cape, 1975, p.33.
③ E.拉兹洛:《决定命运的选择:21 世纪的生存抉择》,李吟波、张武军、王志康译,生活·读书·新知三联书店 1997 年版,第 57 页。
④ 马文·哈里斯:《文化的起源》,黄晴译,华夏出版社 1988 年版,第 3 页。

不归路上加速前进的迹象,所以才日益引起更多人的警觉与关注。所有以民族国家为单位的权力拥有者们,因为首先考虑的必然是一己的国家利益,所以不可能从人类整体的利益出发来解决危机,只能有意或无意地加剧国与国之间在物质势力、军事毁灭力量方面的疯狂角逐,催促陷入不归路而无法回头的人们盲目向前冲去。更不用说跨国资本追逐利益的本性使得所有的企业都全力以赴地强化、提高生产技术,在冠冕堂皇的"发展"幌子下,把"过度增长癖"迅速传染给全世界,成为恶性循环的重要经济动力。

山东省博物馆藏汉代金缕玉衣

"金玉满堂,莫之能守。"老子这句具有反文明意味的箴言,道出了文明人对财富贪欲的痴迷终究会枉然的结果。

　　人类为什么丧失了与自然曾经拥有的那种和谐均衡的共存关系,蜕变成一种自以为是、唯利是图、竭泽而渔的贪婪而疯狂的生物呢?《原始人的挑战》第四章从人的精神世界角度给予了某种解释。作者审视了仪式与宗教行为在原始人生活中的绝对必要性(没有一个原始人群体不依赖于此),揭示出它们对于调节人与自然、人与社会关系的整合作用,提出应该把古希腊哲人亚里士多德"人是政治动物"的定义纠正为"人是宗教动物"。① 这一改动绝不仅仅是在玩文字游戏。我们从中得到的启示是:正

---

① Robin Clarke, Geoffrey Hindley, *The Challenge of the Primitives*, London: Jonathan Cape, 1975, p. 184.

是由于宗教动物逐渐丧失了真诚的宗教动机和对宇宙自然的神秘敬畏之情，才会催生人类中心主义的世界观，导致世俗欲望的无限膨胀和对技术与利益追求的不择手段。"当今的人类有能力在地球上建立核电站，但是对于自身在宇宙的位置、在地球上的作用等根本问题的理解却并不比澳大利亚原住民多出多少。事实上，可以认为在这方面知道得更少了。因为人类与自身的外部环境的关系不再由共享的信仰与仪式来调节了。我们现在应当看出信仰与仪式如何整合人——不仅把人与其内在社会环境相整合，而且同外部的自然环境相整合。"[1]在这两位人类学家看来，美国哲学家苏珊·郎格的如下观点值得重视："人能够使自己适应于他的想象力可以达到的任何事物，但就是无法适应混乱（chaos）。"宗教提供了一种应对混乱的方式。通过神话，宗教针对意义问题提供了容易理解的和令人满意的解说。这些问题如果得不到解释，将会对人的自信产生瓦解，从而削弱人的生存能力。仪式给人一种机会，甚至是一种职责，让人在宇宙中扮演参与者的角色，即把人安置于其环境中。

这种"安置"即使达不到海德格尔所称的"诗意的栖居"境界，至少不会像怀抱"征服"野心和自大狂的今人这样，日益陷入天人对立的僵局而无所顾忌。从生态关系上看，原始人对今人的挑战不仅有充分的理由，而且具有迫在眉睫的意义。1998年在英国和加拿大出版的《第一民族的信仰与生态》一书，展示了原始人与周围生物和谐依存的诗意图景。书中穿插的大量故事、歌词和祈祷，充分说明了一个对今天的文明人很有启示的道理：对于北美洲的第一民族即印第安人来说，由山川、河流、湖泊所构成的自然界，正是他们的精神滋养和启示的源泉。他们从未把自己从这种相互依存的生态整体中抽离出来。[2]

关于现代人与原初社会的人同大自然的关系上的差异，宗教学家休斯顿·史密斯有精当的解释。他在论述原初宗教的特征时指出：图腾崇拜这

---

① Robin Clarke, Geoffrey Hindley, *The Challenge of the Primitives*, London: Jonathan Cape, 1975, p. 185.

② Freda Rajotte, *First Nations Faith and Ecology*, London: Cassel, 1998.

样的部落社会宗教现象表明,有关动物和人的区别,原初民们全部抱着无动于衷的态度。动物和鸟常常被称为"人们"。在某种情况下,动物和人还可以互换形状而转换成对方。动物和植物之间的区别同样是微弱的,因为植物也像我们这些人一样有灵。史密斯进一步描述说:"原始人并不是无视于自然的差异性,他们观察的能力是有名的。问题毋宁是他们视差异为桥梁而不是障碍。生殖的周期,伴随着庆祝和支撑它们的仪式,在人类和其环境间建立起创造性的和谐,由神话来确定每一转换中的共生现象。男女平等地对宇宙力做出贡献。一切存在,并没有忽略了天体和风雨的元素,大家都是弟兄和姐妹。样样东西都是活的,而每一样东西都以各种方式依赖着其他的一切。"[1]他们为物质真实加上了一个现代人看不见的"精神向度"。这也就是艾利亚德所强调的能够洞见现实中神圣的那种精神悟性。而它在现代性的展开过程中,恰恰被当作理性的对立面而被"祛魅"掉了!

电影《摩登时代》剧照

传送带的工作使夏尔洛发了疯。

看来,无论是"没有异化的人",还是"生态和谐中的人",都必然随着工业文明的到来而在大地上消失干净,其命运就像那些无可奈何地被进化洪流所抛弃的灭绝物种。为什么会这样呢?在工业文明和以往的古代社会之间,除了我们早已熟悉的生产力革命和物质财富的增长以外,还发生了哪些重要的、足以改变生活和人性本身的变化呢?美国思想家李维的一个见解值得注意。他说:"现代工业问题的核心是:拒绝用科学为物理科学的理论架构所支配,拒绝它那种要降服人身时间需要的观念。第五世纪的雅典,真正的政治责任是一种闲暇。依照城邦的标准,关于蓄奴的事是要被人嘲笑的。在现代世界,一

---

① 休斯顿·史密斯:《人的宗教》,刘安云译,海南出版社2001年版,第404页。

049

个雇员如果向雇主请一个下午的假去投票，那是会招致最深疑惑的。而中古时代的工匠界，只要一个村落里稍老的公民死亡，每家都会把店门关上，全村的村民都会去参加葬礼；时至今日，婴儿的出生或亲友的死亡，只是生产和分配过程的一个中断而已。出生、死亡和结婚，是与人生的时间有关系的，有决定性的要点，但对于一种奠基在物理科学的抽象时间上的生产过程而言，仅是一种讨厌的事罢了。"①原来，工业文明在人时间感觉方面带来了机械的非人性化的弊端。

那么，人的无比珍贵的生命时间如何在现代性的工作制度中被置换成机械时间呢？李维的回答是："现代工厂的工人，按钟点计酬，一年工作2000千小时。他的工作时间被加进单位里去。这些单位都是无名的、可替换的。"雅斯培说他的确有职业，但是生活却毫无连续性。劳动者的特色是真正创造的可能性；在工作中使人具有成功和快乐的感觉，就是这种实践的可能性，但这正是自然科学的时间应用在工业生产过程中被加以否认的；工作时的愉悦感被毁灭掉。这就是劳动丧失人性的问题，它必然导致对存在意义的追问。② 马克思当年已经揭示出资本主义的雇佣关系倾向于把人变成物或商品。20 世纪的存在主义哲学把这种忧虑发展为对人的"存在"的丧失的反思和批判。现代人被各种各样的工作时间表、出行时刻表和时钟所控制，人浸没在机械化的需要之中，离人的生命本真的需要反而极度疏远了。也许这种乖违与疏远，正是高更要竭力逃避文明都市的生活方式，甘愿栖息在没有被机械时间观污染的原始蛮荒的塔西提海岛上的原因之一吧。而人如何随着大工业的迅猛发展而日渐变成一种机械化的生物，我们在卓别林的著名喜剧影片《摩登时代》中，已经有所领略了。

---

① 李维：《现代世界的预言者》，谭振球译，黑龙江教育出版社 1989 年版，第 21 页。
② 李维：《现代世界的预言者》，谭振球译，黑龙江教育出版社 1989 年版，第 22—23 页。

五、"发明原始社会"说

自维柯和达尔文以来,西方知识界关于人类原始状况问题的探讨就一直吸引着诗人、作家和人文研究界的极大兴趣。20世纪中期以后,借助于全球范围的广泛田野作业成果的积累,还有考古学方面的新发现,理论建构逐渐形成了多数学者达成共识的主流观点,那就是所谓"发明原始社会"的一种假说:人类祖先最初的生活和智力水平并不一定意味着比现代人落后和原始,是代表殖民主义宗主国利益的霸权话语为我们描绘出一幅原始人及其原始生活的夸张图景。

构成这一理论假说的一个重要支点就是关于所谓原始人的生活水准和他们智力属性的认识。

从今天的知识全球化的宏观背景上看,过去的两个世纪正是东西方文化全面打破隔绝状态,开始相互认识和相互交流对话的两个世纪。在这一过程中,外向型的西方强势文化相对于内向型的东方弱势文化,总是充当探险家、探宝者、开辟者的主动性探求角色。欧洲中世纪寻找圣杯的传奇故事模式伴随着近代殖民化历史的展开而兑现为寻找财富与新知的现实冲动。西方知识人眼中的东方异族也就自然地伴随着文化误读的节奏效应而呈现为一种在乌托邦化与妖魔化之间的往复运动:西方知识人对自己文化现状的失望和不满通过文化期待心理的投射作用,总是能够把处在遥远的异国他乡的文化他者加以美化、理想化,建构出诗意的、乌托邦化的"高贵的野蛮人"想象景观;而现实的接触(不论是传教活动、商业贸易还是冲突与殖民战争)和霸权话语中的欧洲中心主义偏见又总是将乌托邦化的他者打翻在地,使之呈现出"丑陋""原始""怪异"的一面。①

在某种意义上,西方人对"原始"的发现是近代以来"全球"观念形成的基础要素之一。英国人类学者亚当·库柏(Adam Kuper)却争辩说,西方人不是发现了原始人,而是发明或建构出了原始人。这就是他的大著《发明原始社会》命名的缘由。他继承了知识社会学的批判思路,研究人类学自身的学术史,撰写出这部为整个西方人类学发展史进行学术思想寻根的杰作,在人类学界受到了普遍关注。起初,争议的焦点集中在关于原始社会假说的三大支柱概念的虚构性,后来则波及如何看待西方社会科学话语建构的意识形态背景,乃至西方知识系统的合法性问题。由此可以看出,一部分激进的人类学者如何跳出西方社会科学的营垒,自觉地改换自己的文化身份,站在批判与解构西方知识霸权的立场上。

卡尔·曼海姆在知识社会学的奠基之作《意识形态与乌托邦》一书中指出:知识社会学是"一种关于知识与社会情境的各种实际关系的经验性理论"②,因此,知识社会学的基本问题就是社会如何制约知识的问题。知识社会学与意识形态研究密切相关,而后者的任务就在于"揭露人类的各种利益群体或多或少有意识地进行的欺骗和伪装(deceptions and disguises)"③。

《发明原始社会》一书表明,西方学院派的文化寻根经历了后殖民时代的认识深化,终于有人转移到了清算西方中心历史观和白人优越论偏见

---

① 叶舒宪:《西方文化寻根的"黑色"风暴——从〈黑色雅典娜〉到〈黑色上帝〉》,载《文艺理论与批评》2002 年第 3 期。

② Karl Mannheim, *Ideology and Utopia*, trans. L. Wirth and E. Shils, New York: A Harvest Books, 1936, p. 286.

③ Karl Mannheim, *Ideology and Utopia*, trans. L. Wirth and E. Shils, New York: A Harvest Books, 1936, p. 265.

的自我解构立场之上。这种身份的转换可以给深受西学东渐之浸染的东方学者一些重要的启示：一方面重新看待过去奉为真知和圭臬的西学，另一方面也重新考虑自己在知识的生产与传播过程中潜在的文化认同问题。比如作为原始社会假说三大支柱之一的图腾论，20世纪以来在中国学界传播，如今已非常流行。而亚当·库柏却尖锐地指出这种理论是19世纪末早期人类学家在不完整地占有资料的情况下编造出来的，在20世纪初已经被否定了。他说："虽然在1910～1920年间人类学家抛弃了图腾论，它仍然是人类学对欧洲人的原始社会观念流传最广且最持久的。由于图腾论在社会学中的重要性，它仍在有关宗教的社会学研究的主流文献中作为一个困扰人的事物存在，并且成为弗洛伊德精神分析学的核心神话。"①

在库柏看来，由麦克林南、弗雷泽、涂尔干、弗洛伊德等人大力阐发的图腾主义，从美洲印第安的部落宗教现象泛化、普遍化为世界性的宗教表现模式。这种做法的合理性虽然被后起的人类学者所否定，但是早期人类学毕竟凭借图腾的概念首次也是唯一一次获得一种公认的神话，包括家庭和宗教在内的人类社会最初起源形态。"因此，图腾制构成理性主义的基础神话，同时也提供了一个象征的惯用词，诗人们可以凭借它去追思一种更自然的时代，那时人的精神与植物、鸟兽同在，神话与诗性智慧也是普遍存在的，性欲本能不受禁制。这是人类学家的伊甸园；与之相对，现代世界则是荒原。"②通过这个判断，我们了解到，图腾论在人类学理论上已经受到清算，可它在文人的原始主义想象中仍然发挥着巨大的媒介作用。而在我国，早已过时的图腾论仍然在理论界和文史研究中扮演着显赫的角色。这种理论滞后的时间差就是因为我们对西方人类学新进展知之甚少所致。古典进化论派的观点通过马列著作而广泛传播，至今在中国学术中仍然有着决定性的影响。这种局面亟待改善。

和原始社会说一样，我们曾经奉为神圣的历史、知识、科学，如今从反思社会学和新历史主义的观点看，其实都难以逃脱"发明"和"建构"的嫌

---

① Adam Kuper, *The Invention of Primitive Society*, London：Routledge, 1988, p. 121.

② Adam Kuper, *The Invention of Primitive Society*, London：Routledge, 1988, p. 121.

疑。后现代知识观的形成过程十分清晰地体现出从殖民时代到后殖民时代学术思想的变迁和批判理论的深化。西方"理性"自大的一统天下宣告结束，人们已经能够识别权力和利益如何驱使"理性"作伪。社会学家彼得·伯格（Peter L. Berger）的《社会建构的现实》①考古学家乔治·邦得（George C. Bond）等编的《社会建构出的过去》②，历史学家霍布斯包姆（Eric J. Hobsbawin）等的《被发明出的传统》③等著作，仅仅从书名就不难看出知识"打假"的激进要求已经变成知识界相当普遍的共识。这种重新清理知识建构脉络的需求正在对以往的人文、社会科学形成巨大的冲击。

---

① Peter L. Berger, *The Social Construction of Reality*, New York：Anchor Book, 1957.

② George C. Bond, *Social Construction of the Past*, London：Routledge, 1994.

③ Eric J. Hobsbawin, *The Invention of Tradition*, Cambridge：Cambridge University Press, 1992.

六、他者的诱惑与"原始的激情"

　　和人类学学术界相比,西方的艺术家们更早地突破了西方视野的局限,率先把关注的目光转向了"原始"和"野蛮"。其实,早在后殖民理论浪潮席卷西方学坛以前,超越文明—原始二元对立思维的精神努力就已经由个别先知先觉的伟大艺术家做出了先驱性的努力。19 世纪的画家高更的文化选择和在艺术构思上的"原始情结",已经为整个 20 世纪西方艺术的现代主义革命揭开了序幕。当代艺术史学家公认,正是这种原始主义情结的全面释放,彻底改变了西方人自古以来模仿自然形态的艺术审美观念,引导艺术家在西方传统以外的所谓野蛮、质拙的原始人世界重新燃起创造的灵感。用热尔曼·巴赞《艺术史》的话来说,古老的非洲大陆的部落文化,始终在西方白人眼中呈现出蒙昧、野蛮、落后、悲惨、邪恶和虚无等消极的色彩。对非洲艺术来说,它所隶属的原始艺术范畴,很大程度上是没有"时间长度"和相应"时间价值"的特殊范畴。这在文化人类学上的对应含义是"未开化"。[①]

---

① 　吕品田:《黑色的璀璨:热带非洲艺术的价值重估》,载《中华读书报》2000 年第21 期。

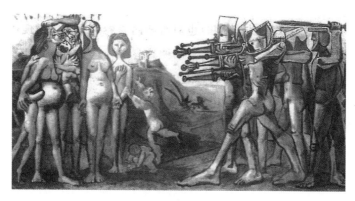

毕加索的画

毕加索的绘画明显受到原始艺术的影响。借助原始艺术的精神,毕加索找到抵抗充满矛盾、丑恶与血腥的现代社会的武器,并由此明白自己为何成为画家。

20世纪兴起的西方现代主义,启发了世人对非洲艺术的认识和欣赏。马蒂斯、毕加索、布拉克等一批艺术家,从原始而单纯的黑色艺术中汲取变革西方传统艺术的动力,掀起一场浩大而持久的"原始主义"风潮,贯穿野兽主义、立体主义、表现主义、抽象主义和超现实主义等诸多流派,乃至根本扭转了西方艺术自身传统的发展方向。柏林自由大学的女学者伦克(Sieglinde Lemke)最近提出应重新界定现代主义,指出其基本倾向是原始主义的。现代主义的革命性变革其实远未结束,除了美术,在白人的爵士乐、摇滚和霹雳舞等多种艺术表现中也都正在刮起"黑色风暴"。伦克在《原始主义的现代主义》中争辩说,从西方现代主义的文化寻根中,可以看到两条交织的线索:一是白人的现代主义,一是黑人的现代主义。白人的现代主义本身深受黑人文化他者的象征资本之惠,而黑人现代主义自身也构成了白人欧美模式的一部分。根据这样的两条线索提出"泛大西洋的现代主义"概念,旨在说明现代西方不论在精英文化还是在大众文化的构成上都是多元的。传统的东西方划分的截然界限,如今已经不再适合了。①

从文化哲学的意义上理解,白人艺术家对黑非洲艺术的感觉认同,或

---

① Sieglinde Lemke, *Primitivist Modernism: Black Culture and The Origin of Transatlantic Modernism*, Oxford: Oxford University Press, 1998.

许昭示着一种文化寻根和文化整合的新价值观。它不仅对西方,同时也对跟随西方卷入全球化和现代化进程的后发展社会预示着某种具有指导意义的普遍性价值。莫非现代性在西方所遭遇的反叛与挫折,只有在与现代性相悖反的方向上,在重新回归文化源头的纯真古朴的诉求中,才可以得到疗治和补救,在西方的现代性之外为人类的未来呈现出一种精神性的存在方式?

非洲原始艺术是给西方现代主义美术带来革命性变化的重要契机

从现代西方艺术史上的"原始主义风暴"到西方学术界的"原始再认识",我们清楚地从艺术家们对"原始"的向往冲动中体会出文化寻根的强烈需求。伦克发问:"现代主义已经过去了吗?"答案是否定的。她从毕加索的革命性转向谈起,讨论立体派的绘画灵感来源于非洲土著艺术,白人的爵士乐、舞蹈等也受原始文化的影响。强调白人文化与黑人文化之间的互动与相互建构,把社会理论、文化分析和文学细读融为一体,翔实地分析了现代主义作家、艺术家对非洲文化与艺术的吸收,对黑人文化他者再发现并重新认识,认为非洲的黑人艺术对欧美的现代主义发展起到了关键的促进作用。因此她要用"原始主义的现代主义"来重估20世纪的这场运动的性质。

面对现代文明所导致的普遍人格异化的凄凉景象,原始文化的淳朴与静穆之美给疲惫不堪的现代人呈现了精神解脱的路径。东方的禅宗、瑜伽和萨满教等,几乎风靡整个西方社会。这似乎也充分对应着现代艺术的革命性变革。一种对返璞归真、物我化一的新理想境界的追寻,在风靡世纪之交的新时代(New Age)文学和音乐风潮中得到淋漓尽致的表达。①

如吕品田所分析的,现代人为之殚精竭虑的弥合有限与无限对立的问题,在"未开化"的非洲人那里是不存在的。保持生态和价值混合性的艺术形态,为他们提供了一个消除主体与客体、精神与物质、理性与感性、自由与必然、历史与现实、自然与人文、个体与集体、审美与实用对立的通道或架构。或者说,原始民族自持的信仰和文化,根本没有也不可能把困扰欧洲人的一系列思维性质的对立范畴引入他们的宇宙和人生。对他们来说,天地万物是个生命统一体,普遍的灵性在其中往来穿行、自由流淌。通过一定的方式,人们可以和它对话、交往,使之顺随人意。艺术时空即是灵性通达、人事化解的证明或预示。英国艺术理论家里德把非洲布须曼艺术表现出的那种人与自然的亲密关系誉为"艺术的真谛",并且同我们文明人的艺术相对照:"我们看到每一根线条都表现了运动与生命……即便使用文明艺术所累积起来的全部技巧,也恐怕难以达到如此精妙的程度。"②

让·洛德的《黑非洲艺术》曾指出艺术在巫术体验上的重大意义。在非洲有一种旨在让年轻人学会遵守社会规范的授奥仪式,仪式中,授奥者要戴着面具代表神灵施教;结束仪式时,全村人要参加集会。"在戴着面具的舞蹈中,奥秘的意义被召唤出来:以往的少年死去为的是在新的环境下作为成年人而新生。"里德称赞过柯恩博士的《布须曼艺术》有很了不起的见地:"因此,人们很自然地要寻求那种促使艺术家进行完整图案构思的情感力量。这本书的作者从布须曼人那种具有巫术色彩的生活观中发现了这一点。"③可以说,过去的 20 世纪是艺术家们对比文明古老得多的巫术传统重新发掘和认识的世纪。从超现实主义的自动写作到魔幻现实主义复活巫术思维的效果,文学表现的境界比 19 世纪大为拓展了。谁也不曾料到,巫术观作为"野蛮"文化的代表,居然又在世纪之交通过《哈

058

---

① 叶舒宪:《西方文化寻根思潮的跨世纪演化——透视"新时代运动"》,载《文史哲》2003年第 1 期。

② H.里德:《艺术的真谛》,王柯平译,辽宁人民出版社 1987,第 48—49 页。

③ H.里德:《艺术的真谛》,王柯平译,辽宁人民出版社 1987,第 49 页。

利·波特》热潮掀起一场波及全球的后现代魔法风暴。

　　不少著名的现代艺术家和作家出于对西方文明的绝望而转向非西方文化——特别是原始文化——去探求新的精神力量。20世纪前期,英国小说家D.H.劳伦斯在《骑马出走的女人》中,讲述了如下故事:一个欧罗巴白种女人毅然抛弃她富有的白人丈夫,来到蛮荒的野外山林,自愿将自己的身体奉献给印第安部落人的太阳神。作家朦胧地意识到西方文明自身的危机难以从内部去克服,所以采用了如此寓意深长的故事情节来暗示可能的精神出路需要在西方世界以外去寻找。到了20世纪末期,以美国小说家詹姆斯·莱德菲尔德(James Redfield)的《塞来斯廷预言》和《第十种洞察力》为代表的文化寻根小说,作为反叛西方资本主义和现代性生活的先锋,从三方面自觉地表现出新时代人在价值观上的变化:对文明病的诊断与治疗,由俗返圣与精神的回归,对东方思想和原始文化的再认识。新时代人普遍认为西方现代性的社会及其发展方向是不健康的、错误的,它所造成的精神萎靡和心理紧张与焦虑需要从根本上加以疗治。《塞来斯廷预言》通过在秘鲁发现的公元前6世纪玛雅人的手稿,用"九条真知"的启示来完成对现代人精神的拯救计划。与劳伦斯的《骑马出走的女人》相比,莱德菲尔德的小说寓意明确得多,也理性得多,而且带有生态乌托邦的色彩。

　　与文学表现上的原始复归主题相呼应的是20世纪音乐的返祖现象。西方音乐美学的始祖——柏拉图的音乐理论认为,有舞蹈相伴的节奏和旋律是心灵的野蛮表达方式。尼采与柏拉图大体一致:音乐是心灵之最原始的和最重要的语言。从某种意义上讲,诉诸感觉的音乐具有非理性的特色。20世纪理性权威的崩塌和摇滚音乐的勃兴,也许是必须相互联系起来才能把握的现象。"摇滚音乐的重要意义在于它唤起了非理性的激

中国少年的陶塑习作

　　童年未经文明漫染的纯净心灵最接近原始艺术的审美境界。这个中国少年的陶塑习作好像无师自通地进入原始人梦幻世界。

情……摇滚音乐具有一种只对性欲——不是爱情，不是爱欲——的吸引力，也就是野蛮的吸引力；但是性欲是未发达的、野蛮的。这种音乐应答儿童正在显露的青春期性欲的萌动，而且认真地引导、诱出使之合法化。"①对音乐的这种兴趣导致的必然结果，就是子女对制止这种兴趣的家长权威的反抗。摇滚音乐因为蕴含了这种反叛的冲动，遂成为20世纪后期几代年轻人尊奉的新"圣经"。从这样的意义上看，摇滚乐迷和吸毒者都充当了反叛文明而认同原始或野蛮的感觉先锋。

如果说摇滚乐瘾"具有与麻醉毒品瘾相同的作用"，那么20世纪六七十年代兴起的嬉皮士现象也可以从同样的文化返祖背景上得到理解。法国音乐理论家托尔格认为可以将嬉皮士理解为一种音乐意识形态："围绕着音乐，通过音乐，内在于音乐，外化出一种新的意识形态、一种新的生活方式。初期是对西方基本价值观念的控诉和判决。金钱崇拜、人成为生产的工具、精神与肉体的种种污染、战争、资本主义也像共产主义一样，凡此种种一概被全盘唾弃。陈旧的现代社会不让人有可能成为创造者，不让人有可能在它的精神氛围内成长，不让人在非暴力与爱中顺利实现其成就。一种社会运动就在这样的基础上、以对应而又寄生的方式发生了，它主张革命，不单单是政治的革命，而且要在人人自我的内心进行革命。"②不言而喻，嬉皮士的音乐语言革命同毕加索、莫尔等人的绘画和雕塑语言革命，布列东、马尔克斯等人的文学革命一样，都代表着文明人要求返回原始性和本真性的内心革命的产物。作为文化寻根思潮的产物，它们都具有解放精神的功效。"流行音乐发展到这个阶段，已经成了一种其中交杂着音乐、哲学、政治的因素。流行音乐还增添了宗教礼仪的一面，表现为一种宗教信仰，就是说，人与人之间的心灵联系，导致一种行动（即使不行动是其根本），争取人成为自由人、创造者而在某种集体中灿烂盛放。"③至于为什么要用寻根返祖的形式来寻找心灵自由，《寻根之需》一书提供了一种理

① 艾伦·布鲁姆：《走向封闭的美国精神》，缪青、宋丽娜等译，中国社会科学出版社1994年版，第80页。
② 亨利·斯科夫·托尔格：《流行音乐》，管震湖译，商务印书馆1997年版，第22页。
③ 亨利·斯科夫·托尔格：《流行音乐》，管震湖译，商务印书馆1997年版，第23—24页。

智的回答：现代世界的气氛令人有一种要发生灾祸的感觉。人的无根状态导致普遍性的神经紧张。在现代人感觉世界中，确定性的现实已经消失，人们的情感中枢随之发生转换。"这个时代的两种最新奇的哲学见解——逻辑经验主义和存在主义促成了这样重大的效果：一种是使可靠的知识领域变得狭窄以致不再适合人的利害关系；另一种将悬念、焦虑、（身心交迫的）痛苦、遗弃和绝望等人的情感予以提高，而变为本体论的原则。这件事也并非偶然。"①焦虑的根源，用奥德加·麦塞特的话说："没有一个人知道，在不久的将来，人间诸事，会朝什么中心方向移动，因此，世间的生活可耻地变成临时的了。"西方人在西方文明中的这种空前的不适应感，经过存在哲学的概括表述，成为具有本体论意义的寻根召唤，产生出广泛的共鸣。

　　人在宇宙中的这种失重的、漂泊无根的恐慌感，在西方文明内部难以找到疗治的妙方。而通过改变和转化原有文化认同的方式，实际上也是改换人的感知经验的实验，内心的这种无根的焦虑就有可能得到缓解，乃至最后的治愈。

---

① Simone Weil, *The Need for Roots*, London：Routledge, 2002, p. 4.

七、超越"文明—原始"的两端论

　　文化人类学在 20 世纪后期发展出"反思人类学"一派,它要求打破西方传统的欧洲中心主义价值观,摆脱社会达尔文主义的单一进化模式,提出重新认识所谓"原始人"和"原始文化"的时代课题,希望从中发现足以纠正西方文化偏向和克服现代性危机的精神取向和文化价值,在资本主义生产生活方式之外寻找更加符合人的自然天性的理想生活。该派的研究对整个西方思想和社会科学各个学科产生了巨大震动和深远影响。这里选取其中最有代表性的三种著作加以讨论,希望能够集中反映 20 世纪 70 ~ 90 年代反思人类学的思考方向和学术冲击力。结合 20 世纪的西方艺术与文学中表现出的文化寻根与文化再认同运动,相信对于乐观拥抱全球化、盲从西方现代性之路的中国知识界具有充分的警示效应。但愿这些理论反思及其文化背景的还原,有助于启发我们冷静地看待全球化趋势,分辨其中的利害纠葛,重新树立多元文化信念,批判地思考人类发展道路的多样可能。

　　从拉定到戴蒙德,再到罗宾·克拉克和杰弗里·欣德利,我们清晰地看到西方知识界进行文化寻根的重要思想成果。也许我们现代人的思维只有超越了这种文明与原始的二元对立模式,对于人类文化现象的再认识才能够拓展崭新的局面,真正超越社会进化模式的古今对立、东西方对立和文野对立的文化身份才有可能重新建立,解决现代性两难困境的思考也才会打开新的空间。

我在下面再提示一些西方知识分子在突破文明—原始对立模式以后,如何打开新的思考空间的具体实例,特别是对文明偏至与罪恶的新认识成果。相信这些实例对于盲从西方现代性道路的后发展国家具有深刻的启示作用。

第一个例子是国际著名的通俗历史学家房龙。他在《美国的故事》中讲到:那些早期的欧洲史学家说,美洲大陆的土著是野蛮人,他们太原始了,连个轮子的应用都没有发明出来。房龙为这些野蛮人争辩说:但他们具有其他方面的长处,这些长处表明他们的智慧一点也不比我们的祖先低。就说一个突出的方面吧,"他们培育的植物品种比任何一个种族的人培育的都多。如果没有他们培育的一些植物(诸如玉米、马铃薯、咖啡、棉花——比埃及和美索不达米亚古代种植的棉花质地高得多、橡胶、奎宁和烟草),要在大陆上长期生存肯定要困难得多。橡胶、咖啡和棉花后来大大发展了起来。马铃薯传到欧洲后,使世世代代的欧洲人避免了饥荒。而烟草立即起到了最重要的作用。它使美洲大陆北部的殖民活动成了新教徒的事业。这对任何一种无名的野草来说,都是无上的荣光"①。

第二个例子来自结构人类学的创始人——法国的列维-施特劳斯。下面是作家董桥对他的观点的评述。"法国人类学家列维-施特劳斯(Claude Levi-Strauss)认为西方文明毫无特殊地位可言。西方社会习惯用自己文明的标准尺度衡量其他地方的情况是大错。他说,各个人类社会的历史长短差不了多少,只是各自的发展有快有慢而已。历代人种学家研究落后地区人民的落后情形,为的是证明自己的文明比人辉煌。列维-施特劳斯的研究途径正好反其道而行。有一位人种学家每次做完研究离开蛮荒部落的时候,部落里老一辈的族人总是纷纷流泪;他们不是惜别伤心,他们是为他

① 亨德里克·威廉·房龙:《美国的故事》,刘北城、东方大玮、申之译,社会科学文献出版社 1999 年版,第 38 页。

离开天下最有生趣的地方而流泪。道理应该这么说:以每人享有的能源之多界定社会的进步,西方社会无疑领先;以克服恶劣地理环境的成绩界定社会的进步,爱斯基摩人和贝督因人算第一;如果说,建立和谐家庭与祥和社会是文明进步的绳索,那么,澳洲土著居民最成功。野人吃祖先或者敌人的肉,原是想借此继承祖先的美德,驱逐敌人的力量。文明人搬出道统观念谴责同类相食的行为,其实等于相信轮回其说、阴魂其物,跟野人的信仰一样;两说都伤于武断。列维-施特劳斯说:文明政体铲除异己的手法无所不用其极,说野蛮是够野蛮的了。"①

第三个例子来自美国学者休斯顿·史密斯。他对原始人的最新判断是忏悔式的:"我们所知道的是,至少我们的功劳是,现在我们承认了,的确是有全球性种族毁灭的事发生。从正面来看,我们现在承认我们对这些人的评价是错了。原初人并不是原始和不文明的,更不是野蛮的。他们并不落伍,他们只是不同。我们由于工业化生活的繁杂和错误而不再存有幻想,对于它所造成人类和自然之间的断裂以及断裂所产生的苦果都已了解,于是因为反作用而产生了部落民族是完全自然的形象。我们把他们当作天地的儿女,是动物和植物的兄弟姐妹,他们按照自然的方式来生活而没有扰乱他们生态范围的微妙平衡。温和的猎人仍然与我们自己极端需要的魔术和神话保持着接触。看到他们如是,我们假定我们的祖先在这些方面也类似他们,而把他们推崇为我们的英雄。我们本身也不例外,都需要善视其起源,它乃是健康的自我形象的一部分。"因此现代人不再自信自己是神创造的,而把一部分神的高贵性转移到他们所假定的自己的人种由来之上,即早期的人类。这就是18世纪所发明的"高贵野蛮人的神话"背后的最深的冲动。

史密斯最后引用一位曾处理印第安事务的美国特派员柯来尔对印第安人的看法说:"他们具有现代世界所丧失掉的东西:对人的人格性那种古老的、失去了的崇敬和激情,再配合对土地及其生命之网那种古老的、失去了的崇敬和激情。自石器时代以来,他们就把那种激情,照料成一道核

---

① 董桥:《董桥散文》,浙江文艺出版社1996年版,第146—147页。

心的、神圣的火。重新把它在我们全体之内点燃起来,该是我们长久的希望。"①

以上三个实例,说明西方有识之士打破文明—原始对立模式的思考。以下还需要了解的是在人类学这门学科以外,20 世纪西方思想家对"文明"的自我反思成果。先看法国社会学家埃利亚斯的见解。他在《文明的进程》一书中试图摆脱西方人惯有的那种种族的自我优越感,重新树立中性的文明观。他写道:"我既不认为我们的文明行为方式是全人类所可能具有的行为方式中最先进的,也不认为'文明'的生活方式是最坏的和日趋没落的……我们感觉到,随着文明程度的提高,我们被卷入了某种复杂的情况,这种情况是那些还没有达到我们这一文明水准的人所无法认识的。"②埃利亚斯之所以有这样通达的看法,是因为他充分意识到,西文中的文明这个概念代表着西方国家的自我意识,"或者也可以把它说成是民族的自我意识,它包括了西方社会自认为在最近两三百年内所取得的一切成就。由于这些成就,他们超越了前人或同时代尚处'原始'阶段的人们。西方社会正是试图通过这样的概念来表达他们自身的特点以及那些引以为豪的东西——他们的技术水准,他们的礼仪规范,他们的科学知识和世界观的发展,等等"③。

埃利亚斯从社会学家的立场批判了 19 世纪以来十分流行的信条:社会必然会朝着进步和越来越完善的方向变化发展。他清醒地看到,诸如此类的信条与其说反映了历史的真相,不如说是特定的意识形态的产物。这样,他能够用系谱学的眼光去透视"文明"概念如何随着社会和意识形态的变化而变化的具体过程。随着市民阶层的崛起,"文明"这一概念便成了民族精神的体现,成为民族自我意识的传达方式。在革命的过程中,"文明"这一概念在众多的革命口号中并没有起到特别大的作用,它所表

---

① 休斯顿·史密斯:《人的宗教》,刘安云译,海南出版社 2001 年版,第 411 页。

② 诺尔贝·埃利亚斯:《文明的进程》第一卷,王佩莉译,生活·读书·新知三联书店 1998 年版,第 55 页。

③ 诺尔贝·埃利亚斯:《文明的进程》第一卷,王佩莉译,生活·读书·新知三联书店 1998 年版,第 61 页。

明的是一个逐步发展的过程、一个进化的过程,而且并没有否定其原来作为革命口号的意义。18 世纪以来,当革命开始缓和下来时,这一概念却成了一个响彻全球的口号。在这一时期,文明概念已经变成了法国为自己进行民族扩张和殖民运动的辩护词。1789 年,当拿破仑率领部队向埃及进军时,他向部下大声喊道:"士兵们,你们要去从事的事业是征服,这一征服将对文明产生无法估量的意义。"与形成"文明"这一概念时所不同的是,这些西方国家认为"文明"这一进程在他们自己的内部已经完成。从根本上来说,他们认为自己是一个现存的,或者是稳固的"文明"的提供者,是一个向外界传递"文明"的旗手。不断向前发展的整个文明进程在他们的意识中只留下了一个模糊的印象。他们用文明的结果来炫耀自己,以示自己的天赋高于他人。至于在几百年的过程中,人们是如何形成文明行为的,这样一个问题和事实,却没有人感兴趣。从这时候起,那些推行殖民政策,并因此而形成欧洲以外广大地区上等阶层的民族,便将自身的优越感和文明的意识作为了为殖民统治辩护的工具。①

通过这一历史的分析,"文明"作为帝国主义、殖民主义侵略和种族灭绝一类行为的冠冕堂皇的口实和幌子,怎样具有欺骗性已经充分暴露了出来。一切以"文明"为号召的要求打击"原始"或"野蛮"的现象,必须重新检验其合法性的真伪。我们不妨将其概括为对"文明与原始的相对性的发现"。这也是文化相对主义对我族中心主义的胜利,借用人类学家马文·哈里斯的话来说就是:"我族中心主义是一种信念,以为本族的行为模式总是正当的、自然的、好的、美的或者是重要的;而有不同生活方式的外族人,则是按照野蛮的、非人的、讨厌的或不合理的标准。不能容忍文化差异的人通常都忽略了如下事实:假如他们在另外的群体中受到濡染,那么所有被认为是野蛮的、非人的、讨厌的或不合理的生活方式,现在就会是他们自己的了。"②

---

① 诺尔贝·埃利亚斯:《文明的进程》第一卷,王佩莉译,生活·读书·新知三联书店 1998 年版,第 116 页。

② Marvin Harris, *Cultural Anthropology*, New York: Harper & Row, 1983, p.8.

如果说埃利亚斯《文明的进程》从话语分析的角度揭示了文明这个关键词在西方文明人中的语用史,那么奥地利思想家、1973年诺贝尔医学与心理学奖获得者康拉德·洛伦茨的《文明人类的八大罪孽》一书,则把文明人直接推上了被告席。按照作者本人的表述,他写这部书的目的就是"敦促全人类来忏悔、改过"①。忏悔的主要内容就是随资本主义的发展而强化的那种"一味追求发展的意识形态"。洛伦茨提出文明的巨大危险性,因为它不仅使当今社会出现种种衰竭的征兆,而且使整个人类物种面临毁灭的危险。

这八种多少有些耸人听闻的罪孽是:

第一,人口爆炸。

第二,破坏环境。

第三,与自己赛跑——贪欲驱动的竞争压力与恐惧性忙碌。

第四,情感的暖死亡。

第五,遗传的蜕变。

第六,抛弃传统——由商业驱动的"生理嗜新症"的传染蔓延。

第七,非人化的可灌输性——传媒与时尚带来的盲从性新愚昧。

第八,核威胁下的世界末日情结。

看了这八大罪状,即使最无动于衷的人多少也会有些内心的触动吧?文明啊,文明,多少罪恶假你之名而行!

宾夕法尼亚号起火

二战中珍珠港事件中被击中的美军战舰宾夕法尼亚号起火下沉的景象,可以展示"文明人八大罪恶"中的一个景象。

可以说,20世纪文明所发明的世界末日情结一天不消除,人类的焦虑就不可能真正消除,生存还是毁灭的难题就无法解决。

---

① 康拉德·洛伦茨:《文明人类的八大罪孽》,徐筱春译,安徽文艺出版社2000年版,前言第1页。

067

关于人性是善还是恶的讨论在思想史上几乎没有停息过,不过目前由于 20 世纪人类经历的新的残酷现实,似乎要给出接近结论的答案:不管以前的人类是怎么样的,至少 20 世纪的人充分验证了人性恶的一面。鲍迈斯特尔的著作《恶——在人类暴力与残酷之中》可以作为这种总结性答案的代表。他在全书结尾处展望"恶的远景"时说,19 世纪启蒙知识分子信奉的历史进步论在 20 世纪已经被历史悲观主义取代。他认为未来是一个肮脏、邪恶的世界,而且这种意识正变得日益强大。理由是什么呢?"这个世纪的战争和屠杀远远超过了以往任何野蛮的时代。根据可靠的计算,二战结束后的四十年间发生了 150 场战争,仅仅只有 26 天的世界和平——这还没有包括内部战争和警察行动。纳粹创造了大规模屠杀的历史记录。然而,就连他们的纪录现在也已经被打破。二十世纪七十年代,柬埔寨杀害了比例更大的人口;九十年代,卢旺达游击队所杀之人的比率是纳粹集中营死亡率的五倍,尽管这个国家小得可怜。同时,在和平的国度,例如美国,暴力犯罪率也在持续上升。"①

圆明园遗址

北京圆明园遗址的断垣残壁成为文明的西方人摧残古老文化的永久纪念碑。除了国耻之外还可解读出文明之耻。

---

① 罗伊·F.鲍迈斯特尔:《恶:在人类暴力与残酷之中》,崔洪建等译,东方出版社 1998 年版,第 498—499 页。

如果说文明的进程没有减少暴力而是在不断增加或助长暴力,那么最根本的反思只能从文明本身入手,也就是从 5000 年的大视野上着眼,而不是仅仅盯着资本主义和现代性的当下现实。不管怎么说,今天的人性恶和文明有着不可分割的关系。

除了人与人之间的自相残杀以外,20 世纪人之恶还表现在人对自然所犯下的罪过方面。"未来的人可能把今天的人看作是恶的,因为我们不加节制地浪费了地球上有限的生存资源。当未来的世纪说二十世纪是至恶的时代时,他们指的不仅仅是死亡集中营和世界大战,而且指对能源自私的、掠夺性的消耗以及对空气和水资源破坏性的污染。"①鲍迈斯特尔用充满想象力的眼光,纵横地扫视着当今的人类,发出让我们汗颜的警语:未来的公民看待我们很可能就像今天的人们看待过去的奴隶贩子或战争贩子。有一点不同:未来的人将是我们的受害者。相对而言,我们今天的苦难并不是先辈们邪恶的行为直接造成的。当石油最终耗尽,水源彻底污染,甚至国债使每个人的生活水平大为下降时,人们就会认为我们的时代是罪恶之源,需要在道义上为他们日后的苦难负全责! 但是我们又怎么能负得起这个责任呢? 可悲的还有,像大多数作恶者一样,我们也不认为自己在作恶。在追求财富与增长目标的痴迷中,在追逐技术的更新换代的痴迷中,缺少终极关怀和反思能力已经成为当今之人的通病。

历史学家霍布斯鲍姆甚至用反讽的说法,把当今的历史发展看成一种新的野蛮状态。他认为,野蛮状况在 150 年的长期式微后,在 20 世纪的大部分时间里一直处于回升趋势,而且没有任何迹象表明这种上升趋势将要结束。让我们看他下面的具体解释:"在这种语境下,我理解'野蛮状态'有两层意思。第一,系指所有社会在其成员间调适其关系、或从更小的范围在其成员与其他社会的成员之间调适其关系的规范体系及道德行为体系的瓦解与崩溃。第二,更具体地说,系指我们可能称之为是 18 世纪启蒙规划——即要确立道德行为规范与标准的一个普遍的体制,体现在国家机

---

① 罗伊·F.鲍迈斯特尔:《恶:在人类暴力与残酷之中》,崔洪建等译,东方出版社 1998 年版,第 500 页。

构中,就是要致力于人类在理性方面的进步——尊重生命和自由、追求幸福、平等、自由、博爱诸如此类——的倒退。这两层意思依然存在着,并相互加强了对我们生活的负面影响。"①

这是霍布斯鲍姆于1994年在牛津作一个讲座时提出的判断。他的话也许对今人反思文明与野蛮的相对性,打破文明优越至上的幻觉具有很强的说服力。因为他和形而上思辨的理论家不同,不是靠推理的逻辑,而是通过历史事实的呈现来表达自己的观点。

> 我现在要列出一个野蛮化的斜坡向下倾斜的简明年表。它的主要阶段有四个:第一次世界大战,从1917—1920年的崩溃到1944—1947年的崩溃这一世界危机阶段,40年冷战时期,最后是20世纪80年代和20世纪80年代以来我们所知道的在世界上大部分地区文明的普遍崩溃。在前三个阶段之间显然有一个连续性。在每一个阶段,人类对人类所使用的非人性手段留下的前一个教训,都被后来的人们所吸取,并成为人类向着野蛮状态迈进的基石。……1950年以来社会和经济的巨大转变使人类社会约束人们行为的规范发生了空前的崩溃和瓦解,所以第三和第四个阶段又是相互重叠、相互作用的。今天,人类社会正在垮下来……②

更值得注意的是,霍布斯包姆在讲述西方文明的新野蛮历史时,没有忘记让事实和数字来充当解构理性与民主神话的有力证据。他指出,在欧洲,第一次世界大战是在民主政治的条件下由整个民众发动或积极参加的首次重要战争,而不是中世纪的专制君主发动的战争,结果又怎么样呢?民主充当了大规模屠杀同类的幌子。"民主经验表明,民主要求妖魔化敌

---

① 埃里克·霍布斯鲍姆:《史学家:历史神话的终结者》,马俊亚、郭英剑译,上海人民出版社2002年版,第293页。
② 埃里克·霍布斯鲍姆:《史学家:历史神话的终结者》,马俊亚、郭英剑译,上海人民出版社2002年版,第295—296页。

人。冷战后来证明了,这种行为助长了野蛮化。"20世纪是民主呼声最高的时代,同时也是一个普遍信仰战争的时代。更重要的是,由于战争已经留下残酷和暴力的黑色积垢,有许许多多的人体验了这种残酷和暴力,并附于其上,难以摆脱。"1921年贝尔法斯特骚乱和战斗中杀死的人数,远远超过了整个19世纪这座混乱的城市被杀死的人数:428人。然而,街头血战者未必是钟情战争的老兵,但早期意大利法西斯党中有57%的成员是这类人。1933年纳粹冲锋队中有四分之三的人是非常年轻、未经历过战争的人。"①在21世纪揭开序幕的"9·11"事件以后,世人在习惯战争以外,还不得不习惯恐怖,习惯人体盾牌和人体炸弹!看来文明的野蛮化趋势暂时还没有一点收敛的迹象。

---

① 埃里克·霍布斯鲍姆:《史学家:历史神话的终结者》,马俊亚、郭英剑译,上海人民出版社2002年版,第297页。

八、文明偏至与纠偏的可能

　　不论 5000 年前开始的那场文明取代原始和野蛮的历程是进化中的偶然还是必然,我们今天的文明确实已经走到了多重危机的悬崖边上。英国社会学家吉登斯把今天的社会称为一个"高风险社会"。那不是地震和水灾一类曾经毁灭过不少古文明的自然灾害的风险,而是核毁灭或生态毁灭的灭顶的风险。如果按照世界体系理论的代表人物华勒斯坦等人的预言,现存的资本主义体系将在 2025 年前后不复存在。文明何去何从,我们何去何从? 这些听起来犹如杞人忧天的问题,确实已经摆在每一个人文知识分子的眼前了。

　　本文对文明—原始这对关键词的批判性反思,除了旨在呼应 20 世纪以来的现代性反思的新进展,把问题引向文明本身的偏至与危机,还试图尝试讨论纠正文明偏至的可能性。在结束本文之前,再从现代学科和知识体制上的矛盾,考量一下这种文明纠偏的现实策略问题。这顺便也就附带解答了一个选题方向的疑问:为什么要从人类学入手来反思现代性呢?

　　众所周知,我们当代学术面临的最大的矛盾和困惑就是人文精神与科学精神的冲突。尽管不少高人试图调和这种矛盾,企图遮掩它对我们造成的巨大的伤害,但危机的事实还是无法回避的。艾伦·布鲁姆说:"人文科学的衰弱凋敝,正好说明了它们不适应现代社会的发展。不过,这或许更清楚地表明了我们现代化进程的失误之所在。"这是一个极富张力的判断,也是一个意味深长的判断。

人类学为什么特别重要? 它能帮助我们树立文化相对主义和尊重、理解他者的知识旨趣,更重要的是它有助于我们保留人性的领地,以清醒的长时段(5000~10 000 年)眼光看待当下的问题的历史根源与脉络,而不被 300 年来鼓吹进步、进化与革命的现代工业资本主义文明的意识形态话语所蒙蔽和麻痹。人类学何以具有这种穿透力呢? 学科的谱系学考察可以帮助我们解决一些从学科自身的现状来看无法弄明白的疑问。用艾伦·布鲁姆的说法则是:社会科学更多地源于洛克创立的学派(经济学),而人文科学则更多地得益于卢梭创立的学派(文化人类学)。恰恰是在自然科学领域的边缘和尽头,问题出现了。自然科学的研究在人面前止步不前,人是一个超出它视野之外的存在。社会科学与人文科学代表了对人本身的危机的两种不同反应。这一危机基于人被自然最终抛弃,也就是被 18 世纪末兴起的自然科学以及自然哲学抛弃了。[①]

人类学如何成为人文学科的同盟,共同承担起对抗唯科学主义和工具理性宰制的伟大文化纠偏任务,在这样的背景下终于显露出来了。这门开始于研究原始人的学科,实际上也在无形中承担起了人性发展方面具有重要战略意义的纠偏工程。

在布鲁姆看来,西方知识谱系里的社会科学领域,基本上围绕着与自然科学方法接近或疏远的程度,分化为两个独立的阵营。其中经济学与文化人类学分别构成了相反的两极。我们只知道经济学是伴随资本主义的发展而繁荣起来的,它所关注的问题基本上是为资本主义服务的。而文化人类学则成了资本主义制度合法性的挑战者。布鲁姆分析说:

> 洛克与亚当·斯密创建了经济学,卢梭创建了文化人类学,

---

① 艾伦·布鲁姆:《走向封闭的美国精神》,缪青、宋丽娜等译中国社会科学出版社 1994 年版,第 383 页。

因为这些学科对两种自然状态中的这一种或那一种有着清晰的预先界定。洛克主张人通过自己的劳动征服自然是对自己原始状态的唯一理性的抉择与反应。洛克解除了对人类贪欲的禁锢，指出了与之相抗衡的那些动机的虚幻和伪善。他明确宣称，生命、自由以及对财产的追求是人的最基本的自然权利，社会契约的构建正是为着保护这些权利。这些原则为人们所约定和公认，从而使经济学能够成为有关人的合理行为的一门科学，使自由市场能够成为自然的和理性化的秩序。一般来说，经济学家中持有上述观点的人往往是这种或那种传统的自由主义者，以及自由民主体制的支持者，支撑其后的是自由市场经济。卢梭则主张自然是完美的，而人离开自然已经很远了。因而人对于这些原初基始和源泉的渴望是迫切的，人类学正是在这个意义上建立起来的。列维-斯特劳斯对此十分清楚。人类文明的发展，尤其是到了自由市场经济出现的时候，其带来的后果威胁了人类的幸福生活，解构了共同发展的社区。从这个视角出发，我们由衷地会对那些质朴无"文"的传统文化表示赞赏，它们引导人的经济动机和贪欲走向崇高，不允许自由市场经济的出现。这样一来，在经济学家心目中那些非理性的传统事物（今天只有在不发达国家才能看到）恰恰成为研究人的合宜理论，成为我们时代疾患的诊断，成为走向未来的召唤。人类学家被欧洲思想反思的许多方面深刻吸引，从文化开始直到经济学家的视野封闭之处。人类学理论倾向于左翼思想，同时也总是被那些试图匡正和代替自由民主理论的种种尝试所愚弄。①

如此看来，西方思想中左派与右派的分歧，原来也有学科建制与立场方面的先天决定要素在起作用。这也就说明了批判资本主义、反思现代性

---

① 艾伦·布鲁姆：《走向封闭的美国精神》，缪青、宋丽娜等译中国社会科学出版社 1994 年版，第 388—389 页。

的任务不可能由具有辩护性质的经济学（包括以生产和销售、工商管理、金融与市场为对象的一切学科）来承担，而必须由全盘考虑文明—原始之关系、不同文化差异之关系的人类学来承担。令人遗憾的是，我国改革开放以来出现经济学与工商管理学科突飞猛进的发展，而传统人文学科却呈现日渐萎缩的状况。虽然20世纪80年代以来有关人文精神的讨论热烈一时，但由于缺少宏观的学科建制根源的整体透视和对权力—利益深层驱动关系的把握，讨论很难超越对表面现象的忧虑与批判，乃至最终不了了之。没有多少人真正去思考：为什么人类学这门新兴的、具有充分跨学科倾向的重要学科，至今仍然基本上被排斥在我们的大学教育的版图之外？

本章通过反思关键词这一切入点，尝试揭示当代文化的偏至现象背后的学科建制的不平衡关系，呼吁有关方面注意，尽快改变完全缺少终极关怀的学科设置实用化、流俗化的弊端，及时把人类学补充到当今的中国高等教育体制中来，同时大力扶植和发展人文教育和人文学科。理由其实非常简单，"人文"这个词的词根在西文中也就是人性的意思！

为了从人口素质上保证国民的起码人性化指标，我们的教育承担着培养完整、健全的人性的职责，而不只是训练与传授生产经营技能。只有上上下下都明确教育的这个根本所在，才能防止唯科学主义、工具理性的异化作用，从根本上杜绝如清华学生用硫酸试验于动物园的熊身上一类的非人性行为。也只有引导今人在金钱与物质时尚以外寻求更高等的精神目标，我们才能够有效地防止贪欲的无限膨胀，以及由此带来的现代文明的新野蛮化发展方向。

第一章

历史

一、历史谱系："中式"抑或"西式"

    当今的学术界,史无前例的"反思程度"反映在社会科学研究中,许多领域的学者都将其视为一种原则。① 它除了直接反映"后现代"新格局对学术政治的整体关注外,另一个外在的表述就是对既往的社会价值和知识体制中的学科分类进行新一轮评估,从而引入令人意想不到的观念性革命和知识更新。这必然导致对以往的学术传统、学科界限、叙事范式乃至基本的概念和操作性工具的讨论和再解释。而"历史"不论作为一门知识学问、方法论还是操作工具都在这一股思潮下被重新加以界定。更重要的是,对它的重新认识和解释,将引导出与之相关的许多崭新话题,甚至为一些学科之间的交流与沟通提供理念武器。

    重新检讨"历史",人们骤然发现:对于历史,特别是在两个路径方面,即历史的缘生形貌和中西方所言说的历史命意,哪怕从概念开始就已经发生了重大的误解、误会与误读。或者说,人们从一开始就对历史缺乏认知上的共识。在我国,"历"之所重者原指计时的历律、历法与历术,并伴以

---

① E. Ohnuki-Tierney eds., *Culture Through Time*: *Anthropological Approaches*, Stanford: Stanford University Press, 1990, p. 1.

占卜、日月、天象、律令、时节等含义与技术。① "史"依照契文和金文的形态，指"持中之物"，置中形、中规，故"中"与"史"存在着渊源关系。再者，"史"与"文字"的发生也有瓜葛。"史"亦指书写的官员；"中"为上古史官的形象，即直接使用文字记录的人。"吏"与"史"同源，原初的官吏就是指掌握文字、能够书写的人。② 传说中仓颉为文字之始创人，《春秋元命苞》说他："四目灵光，生而能书。于是穷天地之变，仰观奎星圆曲之势，俯察龟文鸟羽、山川指掌而创文字。"在这个基本的表述线索里，"历史"的大意跃然而出：以文字记录社会事件与文化变迁。其实，这个简约的故事已经透露了一个鲜为人们注意的变化过程，即所谓的"仓颉造字"依据的正是原始的巫术、占卜、邪技、灵异、天象等，可在文字出现以后，特别是到了统治阶级利用文字进行统治以后，"历史—文字"与"文明—蒙昧"（文明：有"文"便"明"；蒙昧：无"文"便"蒙"）便成为一个事实分野。这样的历史价值，直接在中国漫长的演进中造就出了中规中矩的"正史"，即"正统的历史"（与"史"的文字意义相吻合）——帝王史。相反，与之相背离者一律属于"野"（野史）、"方"（方志）等，被排除在神圣的、正统的历史殿堂之外。即使是主要来自民间的《诗经》，也在搜集后依照统治阶级的需要进行划分。历史的"正统"定位与定格事实上成为中国历史学最为重要的原初分类和叙事价值。相对于它的所谓"民间""地方""史前""无文字""蒙昧""野蛮"尽数与正统"历史"格格不入。"乡土知识"与"民间智慧"绝大多数只能通过民间的茶余饭后或地方化叙述在民间自产自销、自生自灭。

西方对"历史"的定位与希罗多德有关。在《历史》一书里，他首次使用 εστορια 一词，这便是后来西方 history 的原型。这个词除了含有"研究""探索"之义外，还延伸出"作为询问结果而获取的知识"③。更重要的是，它开创了完整记录历史的叙述文体和知识体系。首先，希罗多德摒弃了以往"干巴巴事实"的纪事散文家（logographer）所用的文体，并对史料有了某

---

① 董士伟编：《康有为学术文化随笔》，中国青年出版社 1999 年版，第 52—53 页。
② 王宏源：《字里乾坤》，华语教学出版社 2000 年版，第 315—316 页。
③ 张广智、张广勇：《史学，文化中的文化——文化视野中的西方史学》，浙江人民出版社 1990 年版，第 13 页。

种批判的态度。其次,希罗多德除了记述大事件外,对民间的、地区性的、多民族交流的,甚至许多荒诞不经的神话传说、民俗习惯、地理生态、民族风情等无不一一搜集罗织。《历史》开宗明义:"为了保存人类的功业,使之不致由于年深日久而被人遗忘,为了使希腊人和异邦人那些值得赞叹的丰功伟绩不致失去它们的光彩,特别是为了把他们发生纷争的原因记载下来。"①所以,在这位西方"历史之父"的笔下有诡谲的神话巫术,有博物的多样,有多民族的交流,有拓殖的冒险,有战争的血腥,有旅行者的猎奇,有民间的习俗……

兹聊备一例。比如酒神狄奥尼索斯,他是一个神祇,是葡萄种植技术的传播者,古代悲剧的发生形态,也是东西方文化交流的使者……但他所有的生平记述都属于神话范畴。希罗多德在《历史》中一方面仍把他当作神话系统里的一个神祇,毕竟酒神属于希腊神话中奥林匹亚山巅上十二大主神之一。另一方面,现实当中的酒神庆典,秘密祭仪,希腊人的生活方式,酒神与古代埃及、爱琴海周边国家和族群间的交流与传播关系,以及酒在古希腊人民生活中的作用都被巨细无遗地统纳其中:

> 当地(埃及尼罗河流域——笔者)的居民所崇拜的只有宙斯和狄奥尼索斯两个神。他们(指埃及的阿蒙和奥西里斯——原注)对这些神是非常尊敬的。城中有宙斯神的一个神托所,这个神托所指挥着埃西欧匹亚人的战事。(《历史》,第121—122页)
>
> 在本地有底比斯、宙斯的神殿或是住在底比斯诺姆的埃及人是不用手摸绵羊,而只用山羊作牺牲的。因为除了伊西司和他们说相当于狄奥尼索斯的奥西里斯以外,全部埃及人并不都是崇拜同样的一些神的。恰恰相反,那些有着孟迭司神神殿的人们,或是属于孟迭司诺姆的人们却不去触山羊,而是以绵羊为牺牲。底比斯人以及在本身行动上模仿他们,也不用手摸羊的人们,是这样来解释这一风俗的起源的。他们说,海拉克列斯(十二神之

---

① 希罗多德:《历史》第 3 卷,王以铸译,商务印书馆 1985 年版。

一)希望不管怎么样都要看到宙斯,但是宙斯不愿意自己被他看到。但是海拉克列斯坚持请求,宙斯便想出一个办法:他剥了一只牡羊的皮,把它的头割下来以后,便把羊头举在自己的面前,身上则披着剥下来的羊皮。他便在这样的伪装下使海拉克列斯看到自己。因此,埃及人就给宙斯神的神像安上了一个牡羊的头,而这个做法又从埃及人传到阿蒙人那里去……(《历史》,第128—129页)

上面我已经提到,埃及人是不用公山羊或是母山羊作牺牲的,理由是这样的:孟迭司人及埃及人认为潘恩是十二神之先的八神之一。在埃及,画家和雕刻家所表现的潘恩和在希腊一样,这位神长着山羊的面孔和山羊的腿。但是他们不相信他就真是这个样子或以为他与其他的神有所不同,他们把他表现成这个形状的理由我想还是不说为好。孟迭司人崇拜一切山羊,对牡山羊比对牝山羊更尊崇,特别是尊崇山羊的牧人。有一只牡山羊被认为是比其他所有的牡山羊都更要受到尊崇,当这只山羊死掉的时候,在整个孟迭司诺姆都规定要举行大规模的哀悼。在埃及语里,公山羊和潘恩都叫孟迭斯。在当时,在这个诺姆里发生了一件奇怪的事情:一个妇女和牡山羊公然性交。这件事是大家都已经知道了的。

············

狄奥尼索斯的这个祭日的庆祝几乎和希腊人的狄奥尼索斯的祭日完全相同,所不同的只是埃及人没有伴以合唱的舞蹈。他们发明了另外一种东西来代替男性生殖器,这是大约有一佩巨斯高的人像,这个人像在小绳的操纵下可以活动,它由妇女们带着到各个村庄去转。这些人像的男性生殖器和人像本身差不多大小,也会动。一个吹笛的人走在前面,妇女们在后面跟着,嘴里唱着狄奥尼索斯的赞美诗。至于为什么人像的生殖器部分那样大,为什么又只有那一部分动,他们是有宗教上的理由的。

然而,我以为,阿米铁昂的儿子美拉姆波司是不会不知道这个仪式的,而且我以为,他毋宁可以说是很精通这个仪式的。美拉姆波司就是把狄奥尼索斯的名字、他的崇拜仪式及带着男性生殖器的行列介绍给希腊人的人。然而我并不是确切地说他什么都懂得,因此他还不能毫无遗漏地把一切教职工仪介绍过来,不过从他那时以来,许多智者却已经把他的教仪补充得更加完善了。但无论如何希腊人是从他那里学会在奉祀狄奥尼索斯时,举办带着男性生殖器的游行的,而他们现在所做的事也是他教给的。因此,我认为,智慧的并且懂得预言术的美拉姆波司,既然由于他在埃及得到许多知识之外还精通狄奥尼索斯的祭仪,他便把它加以少许的改变而介绍到希腊来;当然,同时他一定还介绍了其他事物。因为我不能同意,认为希腊的狄奥尼索斯祭和无能为力的同样的祭典之十分近似,这只是一种偶合;如果是那样的话,希腊的祭仪便一定是希腊性质的,也不会是最近才给介绍过来的了。我还不能同意,这些风俗习惯或任何其他的事物是埃及人从希腊人那里学来的。我自己的看法是美拉姆波司主要是从推罗人卡得莫斯以及从卡得莫斯自腓尼基带到现在称为贝奥提亚的地方来的那些人们那里学到了有关狄奥尼索斯祭典的事情。可以说,几乎所有神的名字都是从埃及传入希腊的……(《历史》,第 131—133 页)

埃及的统治者是神,他们和人类共同生活在大地上,在每一代中必定有一位掌握着最高主权。他们之中最后统治埃及的是奥西里斯的儿子欧洛司,希腊人称之为阿波罗;他废黜了杜彭(杜彭是埃及的毁灭之神赛特——原注)而成了埃及最后一代的神圣国王。奥西里斯在希腊语中则称为狄奥尼索斯。

在希腊人当中,海拉克列斯、狄奥尼索斯和潘恩被认为是诸神当中最年轻的。但在埃及,潘恩(埃及的凯姆——原注)被认为是诸神中最古老的,并且据说是最初存在的八神之一,海拉克列斯是第二代的所谓十二神之一,而狄奥尼索斯则被认为是属于十二神之后的第三代的神……

关于潘恩和狄奥尼索斯这两个神，人们可以相信任何一个他认为是可信的说法，但我自己另有关于他们的看法：如果赛美列的儿子狄奥尼索斯和佩奈洛佩的儿子潘恩在希腊很有名，并像阿姆披特利的儿子海拉克列斯那样一直在那里住到老年的话，那就可以说，他们和海拉克列斯一样，也不过是普通人，只是用比他们更古老得多的神潘恩和狄奥尼索斯的名字来命名罢了。虽然如此，希腊的故事却说，宙斯刚刚把他缝在自己的股内并把他带到埃及之外埃西欧匹亚的尼撒去的时候，狄奥尼索斯便降生了。至于潘恩，希腊人便不知道他降生后的情况如何了。因此，在我看来，很清楚的是希腊人在诸神的名字当中最后才知道了这两个神的名字，他们把这两个神的起源一直回溯到他们知道它们的时候。（《历史》，第175—176页）

他们（阿拉伯人——笔者注）在神当中只相信有狄奥尼索斯和乌拉尼阿……在他们的语言里，狄奥尼索斯叫作欧洛塔尔特（即"上帝之火"的意思——原注）……（《历史》，第195页）

现藏于巴黎奥赛博物馆的雕塑"羊人"萨提尔，他是酒神的老师兼随伴，希腊悲剧起源于"羊人剧"

希腊德尔菲太阳神祭祀遗址上的酒神圆形剧场。太阳和酒神共同掌管着一年四季

拿希罗多德的《历史》与中国的"正史"叙述相比，我们很容易瞥见来自知识体系方面的重大差异。按照中国历史学的知识分类原则，希罗多德笔下的许多东西在中国是"不配"入史的。我国的正史不仅不入神话，甚

至连天皇地皇人皇都不载。① 原始传说中的汉高祖母亲梦见神龙附其身遂生高祖，太史公便不录。中国的历史章法因"匪夷所思"而不纳，今天看来倒真令人匪夷所思。西方则不同，希罗多德的《历史》从一开始就引入了一个永远无法确证的"迷思"（myth）：关于海伦被掳和希腊人报复的故事。此不独为人类学研究范畴中某种婚姻形态的历史展演，更是一个标准的"迷思"——神话叙述经典范式。而且，他还带出了不同地区和族群对待同一个故事的不同讲述——口述历史"人言言殊"的多样性质。再者，希罗多德并没有将希腊视为神圣、权威、正义、核心、正统而加以定位，而是将它与其他民族交流、交通当作一个历史过程来看待。甚至他用于记录的语言还是伊奥尼亚方言。从此我们可以看出中西方在"历史（学）"原初性建构上的重大区别和价值体系上的话语范式。我们无意在此对中西方历史记录的差异作任何价值判定，只想阐述二者在知识体系上的一个基本的差异。这种差异无疑会导致研究对象、叙事模式、观察视角甚至概念分类、操作工具等的不同。

中国的"历史"，依据章太炎的看法是由"孔夫子宣布"的。以前的历史只给贵族阅读，民间并无历史可读。纪年的体例自春秋始出。倒是孔子鼓励历史的"民间化"，他拜老子为师，借史官（左丘明）以张民间历史。② 其间关节有二：一是历史的发生与官方的文字叙事有关，"文化"——文字的官方叙述表现为一种贵族特质；二是孔子张扬的"民间化"其实是相对于当时官方统治政治和朝代更替的文字历史叙述的独立性而言，故谓之以"史学宗师"。司马迁、班固等所谓"正史"亦一脉而下。③ 纵偶述瞽史巫祝，亦官联也。而魏、晋以降，神话绝少。④ 与真正的乡土知识、民间智慧、民俗习惯、民众叙事并无根本关系。既然将那些神鬼巫技等排斥在外，遑论"未化"族群的蛮夷事理与族群的交流了。因此，我们可以体会汉代以后正统"独尊儒术"的原因。

① 张勇编：《章太炎学术文化随笔》，中国青年出版社1999年版，第49页。
② 张勇编：《章太炎学术文化随笔》，中国青年出版社1999年版，第7—9页。
③ 张勇编：《章太炎学术文化随笔》，中国青年出版社1999年版，第9页。
④ 张勇编：《章太炎学术文化随笔》，中国青年出版社1999年版，第35页。

如果我们仅仅揭示出中西方政治知识体系在历史内容的选择及叙事上的不同,双方各说各话,自成一体倒也罢了,问题在于,这样的历史叙事传统和知识分类体制在近代"西学东渐"的过程中未加理清就被匆匆整合,仿佛中国传统的"一点四方"之方位律制和人群规范:作为华夏的"中国人"(一点)历来视东西南北之狄戎蛮夷(四方)为"亚类"(《尔雅》),却在近代西学话语的作用下悄然变成了"古老的中国东方人"这样自傲与自贱并置的逻辑悖论和语用谬误。换言之,在中国的历史知识体系里,"东方人"是蛮夷人。可是在以"欧洲中心"的西方历史知识体系里,中国人成了"东方人"。而近代以降,西学的"强势"使我们来不及思索便将二者糅在了一起,成为一个啼笑皆非的语用。如此窘境直接推导出了中西方历史的"背离"与"间隙":前者无视乡土知识与神话巫术,后者却侃侃而谈宙斯与雅典娜。前者将正史与野史、地方史、"蛮夷"史泾渭分开,后者却堂而皇之地融合一起。"文明—野蛮""文化—蒙昧"这样的帝国语用也因此出现了层次上的混乱:在中国历史的视野之中,"一点"的"中国人",掌握汉文字的人便"文明";四方的"蛮夷人",只说"鸟语"、未识汉字的人便"野蛮"。可惜,在另一个以罗马为"中心"的西方话语系统里,西方人是"文明人",中国人却成了"东方的野蛮人"。我们的耳边再一次回响起1860年10月13日英法联军侵入并焚烧圆明园时侵略者的欢呼声:"我们欧洲人是文明人,我们认为中国人是野蛮人。这就是文明对野蛮的所作所为。"①看来,"历史"在很大程度上与历史无关,"权力"一直或明或暗地表演着对话语的"言说"和操控。

---

① 阿兰·佩雷菲特:《停滞的帝国——两个世界的撞击》,王国卿、毛凤支、谷炘等译,生活·读书·新知三联书店1993年版,第609页。

二、"神话中的历史"与"历史中的神话"

今天,我们在做有关"历史"概念的辨析时,梳理中西方知识谱系的差异并不是至关重要的,人们也很容易从表面上看出二者在历史知识体制上的差别。在此,我还想进一步说明"历史"与"神话"其实未必只是知识上的借鉴,二者的边界有史以来便是相互通融、彼此互疏的。

早在公元前4世纪,古希腊就有一个叫乌赫米勒斯(Euhemerus)的人写过一本名为《神的历史》(*Sacred History*)的书,虽然这本书已经失传,但是有许多文献都提到过它,相信它确实存在过。在这本书里,作者对古希腊的神祇系统,特别是奥林匹亚山巅上的诸神进行了身世谱系的考察。乌氏发现,所有这些神话记述的"神"其实都有史可寻、有案可稽。比如他考察了主神宙斯的身世,有一条很明确的历史线索:宙斯降生于克里特岛,后离家出走到东方游历,逐渐成为一群人的领袖,他就自称为神,最后辗转回到故里并死在克里特。死后的宙斯在后来被不断地神化附会,演变成以他为首的神话体系。由于乌赫米勒斯做了大量神祇的历史考述,他也因此成为"神话即历史"派的开山之祖,历史上就以他的名字来命名这一学派

（Euhemerism）。[①] 后来，基督教的兴起又推动了阐述解释历史上的灵迹的一股热潮。不过，"神话历史说"真正取得历史地位是在 19 世纪末 20 世纪初，以德国考古学家谢里曼和英国考古学家伊文斯为代表的考古成就为标志。在很长的一段时间里，人们对所谓神话中的米诺斯王、迈锡尼文化、特洛伊战争等一直是存疑的。人们似乎更愿意把它们当作扑朔迷离的梦幻，尽管"神话即历史"派一再呼吁："人崇拜的神曾经就是人！"谢里曼可以称得上少数信守者之一，他对荷马史诗中所描述的内容深信不疑并因此被许多人认为是"疯子"。坚定的信念和艰苦的发掘工作最终揭开了罩在迈锡尼文化、特洛伊战争上的重重面纱，使之重见天日。当在 5 号基地发现一具头戴金面具的男尸时，他激动不已。在给希腊国王的电文中，他说："国王陛下，我正凝视着阿伽门农的脸面。"同时，谢里曼还在挖掘中发现了在荷马史诗中有过详细描述的"鸽子酒杯"。今天，所谓的"阿伽门农的面具""鸽子酒杯"等成为考古学上著名的"假定"[②]，人们已经一改往昔的态度。紧接着，英国考古学家在克里特的伟大发现确立了神话中的历史，或曰"神话历史"的学理脉系。人们也不再以固执的态度拒绝接纳神话中的真实历史这样一种观念。于是，从历史的角度对神话进行言说遂成为一种最有代表性的"言路"。"神话中所提到的人曾经是真正的人类，传说和荒谬的色彩是后来的人所赋予的润色和装饰。"兹拉特科夫斯卡雅在《欧洲文化的起源》中就认为希腊神话是"游荡在古希腊各地的人民歌手"把很久前发生在他们周围的事搜集而成的"大部头的汇集"。[③] 瓦茨认为："神话由许多故事混杂而成，有些是千真万确的事实……人类素以神话为宇宙与人类生活内在意义的表现。"[④]类似的观点不一而足。

① K. K. Ruthven, *Myth*, Cambridge：Cambridge University Press, 1979, pp. 5-10.

② J. Purkis, *Greek Civilization*, London：Hodder Headline Plc. , 1999, pp. 38-40.

③ 兹拉特科夫斯卡雅：《欧洲文化的起源》，陈筠、沈澂译，生活·读书·新知三联书店1984 年版，第 7 页。

④ 瓦茨：《神话和基督教仪式》，玄彬出版社 1971 年版，第 117 页。

迈锡尼出土的黄金面具——著名的"阿伽门农面具假定"

许多西方学者也从思维发生学的角度对人类祖先的思维形态进行了卓有成效的研究,他们普遍认为人类的历史其实与思维形态密切相关。在"神话思维"时代(也称为"前逻辑思维""野蛮思维"时代),人类与动物、植物尚处于未分化阶段,诚如卡西尔所说:"对神话和宗教的感情来说,自然成了巨大的社会——生命的社会。人在这个社会中并没有被赋予突出的地位。他是这个社会的一部分,但他在任何方面都不比任何其他成员更高级。生命在其最低级的形式和最高级的形式中都具有同样的宗教尊严。人与动物,动物与植物全部处于同一个层次上。在图腾崇拜的社会中我们发现,植物图腾与动物图腾比肩而立。而且如果我们从空间转到时间,仍然可以发现同样的原则——生命的一体性和不间断的统一性的原则。这个原则不仅适用于同时性秩序,而且也适用于连续性秩序。一代代的人形成了一个独一无二的不间断的链条。上一阶段的生命被新生生命所保存。祖先的灵魂返老还童似地又显现在新生婴儿身上。现在、过去、将来彼此

古迈锡尼文明的象征——迈锡尼古城邦遗址

混成一团而没有任何明确的分界线,在各代人之间的界线变得不确定了。"①如果我们把人类的历史知识谱系看作在特定时态下的人类认知方式和表述序列,那么神话就成了人类祖先认识自然、认识社会的知识范畴。从这个意义上说,神话不仅是历史的一个部分,而且是人类历史早先的一

黄帝轩辕竟然头顶皇冠,"历史"经常就是这样被"制造"出来的

种不可或缺的陈述。一个人具有其祖先,一个宗族也具有其祖先,都必须在"根"上找到自己的祖本。它是源初,它是滥觞,它是人类族群及社会进行群类划分、叙述和认同所必备的方式。它构成所谓的"缘生纽带"(primordial attachment),是族群的集体记忆(collective memory)。

不言而喻,历史可以被视为对"过去"的一种记忆和追述。那么,什么样的东西值得记忆、值得追述,什么样的东西不值得记忆、不值得追述,除了其政治性的策略需要以外,无一例外地都需要寻找一个远古的"祖先"。神话无一例外地成为一

---

① 恩斯特·卡西尔:《人论》,甘阳译,上海译文出版社 1985 年版,第 106—107 页。

个历史性资源，同时，也成了追述式记忆，甚至是攀附性记忆的惯用方式。家族是如此，宗族是如此，氏族是如此，民族亦是如此。我们在作人类学研究时发现，许多族群、宗族、家族在族谱记载中经常会出现忘记一些祖先的情况，为了特别记忆或强调一些祖先，有时会攀附他人的祖先，甚至创造一个祖先。① 这样的"文化祖先""英雄祖先"通常都是在神话中检索、异化甚至制造出来的。这就是为什么人们可以在许多族谱中看到神话中的英雄的缘故。即使是在"民族—国家"（Nation-State）时代，为了找到一个"想象的共同体"（Imagined Community），可以共同接受和认同的远古

炎帝神农

炎帝神农看上去朴实得多，倒像一个部落首领。

091

"祖先""神话英雄"便顺理成章地进入了正统的历史视野之中。比如炎黄这样的"拟祖"（fictive ancestor），就在晚清以来进入"中华民族"的结构范畴。其实，在传说中，二者只是自"姜水"和"姬水"而成的"半神话"人物。冯天瑜先生认为，黄帝本为周人专有的先祖，其后随着周人以西陲小邑东进克"大邑商"，为巩固其支配地位，遂将黄帝上升为古帝谱系中至高至贵者。② 有的时候，为了寻找一个"共同的祖先"，甚至像"龙"这样的神话怪物也被用来表示"始祖"的意涵。其实，这是历史记忆和历史建构的惯用。重要的是，我们要承认这种惯用的历史逻辑，而不是做了却不肯承认。

毋庸讳言，中国历史上的此类例子甚多。顾颉刚先生在《古史辨》中的"疑古"案例做得非常出色。他发现了著名的"层累地造成的中国古史"原则，认为"古史是层累地造成的，发生的次序和排列的系统恰是一个背

① 王明珂：《华夏边缘——历史记忆与族群认同》，允晨文化实业股份有限公司1997年版，第55页。
② 冯天瑜：《民族祖先·文化英雄——炎黄历史地位刍议》，载《炎黄文化与现代文明》，武汉出版社1993年版，第49页。

反"。其意义有三:第一,时代愈后,传说的古史期愈长;第二,时代愈后,传说的中心人物愈放大;第三,我们在这一点上,即使不能知道某一件事的真确的状况,也可以知道某一件事在传说中最早的状况。① 他认为,古人对于神和人原本没有界限,所谓历史差不多完全是神话。人与神混的,如后土原是地神,却也是共主氏之子。实沈原是星名,却也是高辛氏之子。人与兽混的,如夔本是九鼎上的魍魉,又是做乐正的官;饕餮本是鼎上图案画中的兽,又是缙云氏的不才子。兽与神混的,如秦文公梦见了一条黄蛇,就做祠祭帝;鲧化为黄熊而为夏郊。这一切都是"人化"的结果。② 再比如"禹",《商颂·长安》说:"洪水芒芒,禹敷下土方……帝立子生商。"禹得见于载籍以此为最古。而《诗》《书》的"帝"为上帝。可见"下土"是对"上天"而言的。至于禹从何来,《说文》云"兽足蹂地也"。以虫而有足蹂地,大约是蜥蜴之类。顾颉刚进而认为,禹也是九鼎上最有力的动物,或者是敷土的样子,所以他是开天辟地者。③ 这说明,在人类历史的缘生形态里,神话叙事构成了"历史"最早的言说版本。它不仅与历史有着不可分割的关系,而且从历史的发生形态来看,具有历史的渊源价值。

将同一个神话叙事置于不同族群的单位之中,其历史的展演又各个有异,遵照的原则也极不相同。比如瑶族的族源与"神犬"(即高辛犬)的神话故事紧密地结合在一起。这个神话叙事悠久而复杂,并具有跨民族的特点。以时间论,迄今发现最早收录此神话传说的是东汉的应劭。由于所涉及的民族、时间、区域、版本、方式不同,故事的叙述显得迷雾重重。在汉籍文本、瑶族的文书《评皇券牒》(包括同一神话故事的异名文书,如《过山榜》《过山引文》等)以及瑶人口头传说之间出现大量的变形与变体。今天仍有不少瑶族支系定期举行的"还盘王愿"等盛大仪式也直接肇始于同一个神话故事的诠释和记忆。事实上,"神犬"故事本身并不艰涩,情节也很简单。我们不妨在此做一个大致的引述和勾勒。

---

① 顾颉刚:《古史辨自序》,河北教育出版社 2000 年版,第 3—4 页。
② 顾颉刚:《古史辨自序》,河北教育出版社 2000 年版,第 15—16 页。
③ 顾颉刚:《古史辨自序》,河北教育出版社 2000 年版,第 6—7 页。

昔高辛氏有犬戎之寇,帝患其侵暴,而征不克,乃慕天下能得犬戎之将吴将军头者,购黄金千镒,邑万家,又妻以少女。昔帝有畜犬,其毛五彩,名曰盘瓠,下令之后,盘瓠遂衔人头,造阙下。群臣怪而诊之,乃吴将军首也。帝不得已,乃以女配盘瓠。经三年,生子十二人,六男六女。盘瓠死后,自相夫妻。其后滋蔓,号曰蛮夷。(东汉·应劭《风俗通义》)

泰国瑶人存留的《过山榜》

昔瓠杀戎王,高辛以美女妻之,不可以训,乃浮之会稽东海中,得地三百封之,生男为狗,生女为美人,是为狗封之国也。(东晋·郭璞《山海经·海内北经》注)

高辛氏,有老妇人居于王宫,得耳疾历时。医为挑治,出顶虫,大如茧。妇人去后,置于瓠蘺,覆之以盘,俄尔顶虫乃化为犬,其文五色,因名"盘瓠",遂畜之。时戎吴强盛,数侵边境。遣将征讨,不能擒胜。乃慕天下有能得戎吴将军首者,赐以千金,封邑万户。又赐以少女。后盘瓠衔得一头,将造王阙。王诊视之,即是戎吴。为之奈何?群臣皆曰:"盘瓠是畜,不可官秩,又不可妻。虽有功,无施也。"少女闻之,启王曰:"大王既以我许天下矣。盘瓠衔首而来,为国除害,此天命使然,岂狗之智力哉?王者重言,伯者重信,不可以女子微躯,而负明约于天下,国之祸也。"王惧而从之,令少女从盘瓠。盘瓠将女上南山,草木茂盛,无人行迹。于是女解去衣裳,为仆鉴之结,著独力之衣,随盘瓠升入山谷,止于石室之中。王悲思之。遣往视觉,天辄风雨,岭表云晦,往者莫至。盖经三年,产六男六女。盘瓠死后,自相配偶,因为夫妇。织绩木皮,染以草实,好五色衣服。裁制皆有尾形。后母归,以语王,王遣使迎诸男女,天不复雨。衣服褊裣,言语侏偶,饮食蹲踞,好山恶都。王顺其意,赐以名山广泽,号曰"蛮夷"。蛮夷者,外痴内黠,安土重旧,以其受异气于天命,故待以不常之律。田作贾贩,无关缮符传祖税之赋;有邑君长,皆赐印绶;冠用獭皮,取其游食于水,今即梁、汉、巴、蜀、武陵、长沙、庐江郡夷是也。用糁杂鱼肉,叩槽而号,以祭盘瓠,其俗至今。故世称"赤髀横裙,盘瓠子孙"。[晋·干宝《搜神记》(汪绍楹样注本)]

瑶族的文书记录了同一个神话故事,只因过于驳杂,盘瓠的符号称谓有几种异名或异称。再者,即使流传盘瓠传说的支系(以瑶族中的"盘瑶"系统,或汉藏语系苗瑶语族瑶语支的各支系为主,约占瑶族人口的70%)如过山瑶、平地瑶、排瑶、坳瑶、山子瑶,以及多数印支半岛和欧美国家的优勉瑶(Yiu Mien)等所记所传的同一个神话故事亦出入甚多。比如,瑶族文书《评皇券牒》《过山榜》等莫说叙述内容多有差异,单就文书的名目便有数百种之多。瑶族文书绝大多数抄录于个人之手,且绝大多数存于个人或

瑶族祭仪中的"神犬盘瓠"形象

家族之内。尽管我们无法找到一份瑶族公认的权威性文书，却不妨碍我们从诸多不同名目、不同记录风格、不同抄录方式、不同收藏人手的文本的比较中看到带有一致性的叙事主题、主体和主干。而且，其中的文法（grammar）是共通的，叙事是共同的，功能是共用的。因瑶族文书过于冗长，不便录于此。但综观瑶族不同版本的文书，其叙事有一个共同的特征，即与汉族文本对同一个神话故事叙事中对神犬的"蛮夷化""污名化"完全不同，他们对"祖先神犬"采取了"英雄化""美名化"的叙事，并将这一神话故事视为同一民族的历史族源。

这一个例子似乎可以证明，神话传说不独可以入史，成为民族历史记忆的重要资源，不同的民族还会根据族群的需要进行策略性的选择、制造、删改、附会……而这一切本身就是历史不可缺少的重要部分。

三、历史的人类学

　　当代学术反思的一个成果表现为学科整合成为一种学术自觉,"景观"之一便是历史学与人类学屡屡联袂出演,出现了异乎寻常的热闹场景,诚如萨林斯所说的那样:"历史学的概念在人类学文化研究的经验作用下,出现了一种新变革。"①虽然人类学家很早就关注历史的研究,比如博厄斯(Boas)、埃文斯-普里查德(Evans Pritchard)、克拉克洪(Kluckhohn)等都非常注重不同社会的历史关联,甚至以博厄斯为代表的人类学派还被冠以"历史学派",然而,真正使两个学科、两门学问获得整合并为学界普遍承认的历史人类学是以路易士于1968年创刊的《历史学与社会人类学》(History and Social Anthropology)为标志。自20世纪80年代以后,更达到"两个领域成功整合"的境界。②类似"历史民族志"等语用也因此变得不再陌生,还常常带出"历史—族群记忆"一类的概念,仿佛两个学科进行双边谈判,连名词都各占一半。

　　在历史学家的眼里,历史学向历史人类学的发展具有以下三方面价

---

① M. Sahlins, *Islands of History*, Chicago:Unversity of Chicago Press, 1985, p.72.

② 海斯翠普:《他者的历史:社会人类学与历史制作》,贾士蘅译,麦田出版社1998年版,第21—22页。

值。第一，获得一种认识和态度上的"疏远感"（estrangement）。人类学的"异文化"（other cultures）研究体现了地理和族群上的"疏远感"，历史学也需要在研究中获得这种感觉。它不独有助于作参照比较，更有助于去除传统史学中的"中心"意志。第二，扩大传统历史学的研究领域。人类学的进入意味着要回过头去了解人们的饮食起居、服饰、风俗习惯、技艺文化等。第三，发掘没有记载的历史，即由没有发言权因而不能成为官方史学的"模特儿"的人创造历史。[①] 换言之，那些无文字的、小规模的、封闭的、少数民族的、口述的、地方的、乡土的、"草根的"（grass-roots）社会与族群历史都进入学术视野里。简言之，历史人类学的提倡有助于对传统知识体制从内容到方法上起到一个新的"知识考古"的作用。

　　众所周知，人类学是一门专门研究"异文化"的学问。在所谓的"后殖民语境"中，人类学这种擅长于"异文化"的研究取向配合着两种新的价值理念——"去中心化"和强调族群历史的原生性自我依据。其中的一个学理逻辑是：历史学与人类学之间的良好关系可以很自然地将拉开"我者距离"（the distance of self）作为两个学科的共同基本原则。[②] 人类学的历史研究，或曰"人类学的历史化"（the historicization of anthropology），不仅在传统的研究对象上获得了族群单位和背景的距离感，而且获得了平等拥有的历时关系。同样的，历史的人类学，或曰"历史的人类学研究"（the anthropological history studies），一方面稳固了特有的"缘生纽带"（primordial ties）在学科传统上的关联性；另一方面使得历史研究因此获得了来自"田野"的滋养，获得了不同族群的背景知识以及多重考据的资料补充，如器具中的历史说明、谱系学考据、非文字载述的民间技术、口述史等，也因此获得了更丰富的"过去的现场性"（the presence of past）。

　　言及历史人类学，一个基本的讨论不可或缺："人们自己创造自己的历史，但是他们并不是随心所欲地创造，并不是在他们自己选定的条件下

---

① 保罗·利科：《法国史学对史学理论的贡献》，王建华译，上海社会科学院出版社 1992 年版，第 86—87 页。

② Ohnuki-Tierney E. eds. , *Culture Through Time：Anthropological Approaches*, Stanford：Stanford University Press，1990, p. 1.

创造,而是在直接碰到的、既定的、从过去承继下来的条件下创造。一切已死的先辈的传统,像梦魇一样纠缠着活人的头脑。当人们好像只是在忙于改造自己和周围的事物并创造前所未有的事物时,恰好在这种革命危机时代,他们战战兢兢地请出亡灵来给他们以帮助,借用它们的名字、战斗口号,以便穿着这种久受崇敬的服装,用这种借来的语言,演出世界历史的新场面。"①这是马克思主义看待历史的一个重要标尺。它涉及两个基本前提。首先,历史是经由人们"创造"的,它包含了不言而喻的、带有主观意愿的"人为性实践"。换言之,它并非纯客观的东西。其次,它要在继承的条件下根据某一社会阶级和人群的目的、意愿、利益进行"创造",即"历史的创造"必须符合相应的社会语境(social context)和"现实策略"。它也因此具有明确的新的"域限感"。显然,马克思所说的"创造历史"与当代历史人类学讨论中所语用的"历史的制造"(the making of history)、"制造历史"(making history)有着很清晰的差异:前者侧重于强调人类主观选择之于客观事实之间辩证历史唯物主义原则;后者则更明确地强调人们对待历史过程的"话语操控"和社会价值的"权力支配"等特性,强调"历史的制造"为现代社会提供了一个时空性、知识性和策略性的场域,是所谓的在"一"里面反映出"许多"来。如果说当代历史人类学研究对我们有什么重要启示的话,其中最重要的一点在于将以往人们对"历史"的笼统认知剥离开来。它至少让人们在观念的层面了解到,过去发生的事情与对过去所发生事情的选择和记录绝对不是一回事,后者带有"制造"和"想象"的性质。

我们相信,历史首先表现为人群或族群在不同地点所表现出来的关系和过程的记录:它既表现为事件的长度过程(course)——可以理解为自然发展的本来面貌,又是一种话语(discourse)——可以理解为带有民族、阶级、团体或个人具有知识背景意义的主观描述和记录。二者既相互关联又有着明显区别。《大英百科全书》在定义"历史"时曾做同样的解释:"历史

---

① 马克思:《路易·波拿巴的雾月十八日》,见《马克思恩格斯选集》第一卷,人民出版社1976年版,第603页。

一词在使用中有两种完全不同的含义:第一,指构成人类往事的事件和行动;第二,指对此种往事的记录及其研究模式。前者是实际发生的事情,后者是对发生事件进行的研究和描述。"①历史发展的规律与历史记录的原则并不相同。甚至有的将后者中的主观性与主动性扩大,如年鉴派历史学家费弗尔所言:"没有历史,只有历史学家。"②另一位年鉴派代表人物布罗代尔则在他的《地中海与腓力二世时代的地中海世界》《历史与社会科学:长时段》的著述中将历史时间之于事件的节奏与多元性关系以三种时段(即短时段、中时段和长时段)加以划分。以诸如政治事件为中心的,包括外交、传媒、"喧哗一时的新闻"属于短时段历史。历史学家在运用计量方法研究价格升降、人口消长、生产增减、利率波动、工资变化时揭示的一种更开阔的时间度量为中时段。而对人类社会发展起长期决定作用的是长时段历史,即结构。③ 在我看来,以布罗代尔为代表的法国历史年鉴派的另一个更重要的贡献在于开拓和发展了西方史学中的历史人类学范式价值。他主张将以往的历史研究转变成为研究"无名无姓的、深刻的和沉默的历史"及"种类繁多和千变万化的社会时间"。④ 区域、地理时间、人群、习俗、精神状态、文化变迁等成了构造长段结构的不可或缺的因素,而这样的研究与人类学研究取向几近相似。诚如胡克所言:"历史上的规律就是存在于各组事件之间的一种决定性关系,我们发现了这种关系,就能依靠它来解决问题、克服障碍和预测将来。可是,这其中也包括物理规律和生物规律。而历史规律的特异之点乃是:它们所关涉的各组事件的特指——人们的行为模式(behavior patterns)而言,而这些人们是作为有组织的社会团体的成员来看待的。作为社会团体的成员来看,人们的行为是以理想、

---

① 《大英百科全书》第八卷,中国大百科全书出版社 1986 年版,第 961 页。

② 保罗·利科:《法国史学对史学理论的贡献》,王建华译,上海社会科学院出版社 1992 年版,第 37 页。

③ 张广智、张广勇:《史学,文化中的文化——文化视野中的西方史学》,浙江人民出版社 1990 年版,第 406—408 页。

④ 保罗·利科:《法国史学对史学理论的贡献》,王建华译,上海社会科学院出版社 1992 年版,第 40 页。

习惯、传统以及与'文化'这个人类学名词联系的其他行为方式作为标志的。"①

　　由于引入不同民族与族群的历史材料，人们在不同社会、不同民族、不同文明体的比较中更容易发现历史进程的规律。汤因比发现西方古代社会有一个历史演进的规律：统一的国家（罗马帝国）成形于古希腊末期的单一政治共同体。它是古希腊社会末期衰弱的必然替代过程。而罗马帝国经过自身演进也会同样步入盛衰的间歇性周期，在这个过程中出现两起导致加速罗马帝国衰退的事件：基督教会的出现和民族大迁徙。他总结社会转型的三大因素为前一个阶段的国家历史形态、新发展出来的教会和蛮族迁徙与入侵，并认为在三个因素中最重要者为第二个，而第三个的作用最轻。② 汤因比发现的"规律"或许具有规律性，但是，论述中以"罗马帝国"（欧洲中心）的自我"英雄"为核心和基调却明白无误。不管所谓的"蛮族入侵"之于罗马帝国衰微作用有多大，"蛮族"的分类和语用其实已经遁入以自我为中心的"想象"窠臼。事实上，任何历史，除了在历时性上作自我说明以外，还在不断地"制造"其民族性。甚至，连"民族"也是"制造"出来的。历史学家们担负起筛选往昔事实的责任，要找出足以造成社会发展路线的潜在逻辑。在这个过程中，他们发现新的政治实体——民族（nation）——能够体现新的目标。这样，民族就成了历史和科学以外的"第三个现代力量"。③

　　以欧洲为例，19 世纪的法国大革命以及所引进的代表新的时代的精神和力量，使得欧洲君主王朝大都被推翻，"民族"遂成为新的历史发展阶段中的重要角色。以前以"王国"管辖领土、版图式的"国家"（country），强调人与土地的"捆绑"关系（earth-bounded）以及生产方式和生活现实。随着王朝的历史性更替，现代意义的"民族"作为政治实体这一现代概念

①　悉尼·胡克：《历史中的英雄》，王清彬等译，上海人民出版社 1964 年版，第 173 页。
②　汤因比：《历史研究》上册，曹未风等译，上海人民出版社 1997 年版，第 15—18 页。
③　乔伊斯·阿普尔比、林恩·亨特、玛格丽特·雅各布：《历史的真相》，刘北成、薛绚译，中央编译出版社 1999 年版，第 77—78 页。

也应运而生,民族与国家合二为一。换言之,在现代社会的发展过程中,"民族—国家"(Nation - State)不期而遇,在国家权力和现代技术,如印刷、传媒等的作用下,"民族"与"国家"被假定为重叠性边界,或历史性地发生"共谋"现象,致使其成为一个现代社会形态的"想象共同体"(imagined communities)①,以应对超越传统家族式的村落性单位和村落联盟的现代需求,构造出新的人群共同体。传统的、更为真实的乡土社会在这个"想象共同体"的作用下被抛到了一边。"民族—国家"上升为具有领土范围内的主权性质和暴力行为。这也是由所谓的"传统国家""绝对国家"到"民族—国家"的替换模式。②

　　在中国,情形也有类似之处。几千年的封建"帝国王朝"最具表现力的并非所谓的民族,同样也是"王土"——"普天之下莫非王土"。人群划分所遵照的原则正是"一点四方",亦即"五方"制度。它构成了中国历史的和真实的"大传统"。到了近代,西方列强在带来强力炮舰的同时,还带来了一个更为重要的东西,那就是西方现代产物——民族。这使得近代中国的有识之士有机会认识到,在强悍的炮舰之后更有一个强大的"民族"。这使我们看到在孙中山的理想蓝图里,封建清王朝被替换成了汉、满、蒙、回、藏的"五族共和"国家。徐新建教授认为"对历史延续的中国而论,所谓'多元一体'的说法,用来指称'王朝''国家'或'帝国'要比指称'民族'更为确切。"③毕竟我们今天所语用的"民族"(此指民族—国家背景下的可操控性工具概念)等语汇都是晚清以后由西方"转借"的④,在某种程度上说是外力作用的结果,具有历史被动性和仓促感。因此,如何与

---

① A. Benedict, *Imagined Communities:Reflections on the Origin and Spread of Nationalism*, London:Verso Press, 1991.

② 安东尼·吉登斯:《民族—国家与暴力》,胡宗泽、赵力涛译,生活·读书·新知三联书店 1998 年版。

③ 徐新建:《从边疆到腹地:中国多元民族的不同类型——兼论"多元一体"格局》,载《广西民族学院学报》2001 年第 6 期。

④ 沈松侨:《我以我血荐轩辕:黄帝神话与晚清的国族建构》,载《台湾社会研究季刊》1997年第 28 期。

中国传统农业伦理建制下的"地方族群"相弥合,如何处理主体民族(汉族)与少数民族的关系仍属中国"现代性"认识和研究需要补充的重要内容。这为中国的历史人类学研究辟出了一隅中国特色的研究领域。毕竟"历史"与"族群"从概念到实践都面临着一个从"舶来品"到"本土化"的问题。历史人类学研究之所以有助于此,一个重要特质在于建立一个确认的地方性族群,所有的历史事件、对历史"事实"的记录以及人们经过策略性选择的记忆方式无不打上"地方性知识"(local knowledge)的烙印。任何替代式的作为都显得苍白无力。①

---

① 保罗·康纳顿:《社会如何记忆》,纳日碧力戈译,上海人民出版社 2000 年版,第 81 页。

四、"历史事实"与"历史真实"

对于历史学与人类学研究而言,寻找和确认"事实"具有被视为与"科学"相维系的品质。历史人类学研究的一个最根本性的任务是对"事实"的重新定位。所以,棘手的问题不在于是否要以"事实为依据",而在于如何理解两个"F",即"事实/虚构"(Fact / Fiction)的关系。汤因比曾以"历史、科学和虚构"为题讨论了三者的关系:"可以采取三种不同的方法来观察和表现我们的研究对象,其中也包括人类生命的现象。第一种方法是考核和记录'事实',第二种方法是通过已经确立了的事实的比较研究来阐明一些一般的'法则',第三种方法是通过'虚构'的形式把那些事实来一次艺术的再创造。"①很显然,其中症结在于如何对人的生命现象和事实的社会化或曰"社会事实"(social facts)进行分辨与厘定。比如,诉说"历史"的发生和人类早期的所谓"神话思维"(卡西尔语)时代,神话几乎是唯一的遗存和表述方式。我们不能轻易地跨越那些充满着幻想和虚构的叙事。正如汤因比所说:"历史同戏剧和小说一样是从神话中生长起来的,神话是一种原始的认识和表现形式——像儿童们听到的童话和已懂事的成年

① 汤因比:《历史研究》上册,曹未风等译,上海人民出版社 1997 年版,第 54 页。

人所做的梦似的——在其中的事实和虚构之间并没有清晰的界限。举一个例子来说明，有人说对于《伊利亚特》，如果你拿它当作历史来读，你会发现其中充满了虚构，如果你拿它当虚构的故事来读，你又会发现其中充满了历史。所有的历史都同《伊利亚特》相似到这种程度，它们不能完全没有虚构的成分。"①

湖南长沙马王堆汉墓帛画

人们怎样到里面寻找"历史事实"呢？

再说，生命现象本身也是一种"社会事实"。我们与其停留于寻索和"自描"，不如强调一种理解与"解释"。解释人类学学派的代表人物格尔兹在《文化的解释》一书中有过一段精辟的阐述。他说，人类学家撰写民族志，与其说理解民族志是什么，不如说所做的是什么，即人类学家以语言为媒介，以知识的形式所进行的人类学分析。他借用赖尔（Glbert Ryle）的"深层描绘"（deep description）的讨论，以日常生活中的"眨眼"为例生动地说明"解释与描述"的多重性与"意义"的多重性。对于一个"眨眼"的事实，当它处在交流过程时可以出现几种可能性：①故意的；②对某人刻意的；③传递一种特殊信息；④在情境中建立起的语码；⑤随意性行为。文化，从根本上说，也就是像杂耍般的"眨眼"行为，对它的解释与描述终究还是"人为的""人文的"。所以，他的结论是："综观社会行为的象征王国——艺术、宗教、意识形态、科学、法律、道德，诸如此类，并不是以对纯粹王国境界的追求形式去逃离现实困境，而是投入其中。"②在谈到人类学家在对待客观事实与主体解释自由

---

① 汤因比：《历史研究》上册，曹未风等译，上海人民出版社 1997 年版，第 55 页。

② C. Geertz, *The Interpretation of Culture*, New York：Basic Books, 1973, chapter 1.

时,他认为人类学家在其完成的作为文本的民族志里,使人信服的并不是经过田野调查得来的东西,而是经过作者"写"出来的东西。"人类学著作是小说,意指它们是'虚构的事情',是'制造的东西',即与'小说'的原意相符——并非真正的假的和不真实的,而是想象的。"①他甚至直截了当地将同是作为作者的人类学家与文学家放在一起去强调"作者功能"(author function)②,认为文化形同一个网络,它的系统意义存在于人的头脑里。以格尔兹为代表的解释人类学对"作者解释"作用和意义的强调,对传统人类学研究一味最大限度地在"田野作业"中将人类学家自身当作简单的"照相机",也无形中将人类学与历史学研究中对待"事实"的态度、视野、方法等同置于一畴。

其实,对"事实/虚构"这两个F的关系讨论早见于西方学问之滥觞与发生过程。柏拉图在他的《理想国》里面就谈过诗人用"虚构的谎言"来蛊惑人心,特别是那些心智尚未健全的儿童们。他借用苏格拉底之口说:"第一个就是赫西俄德所讲的乌剌诺斯所干的事,以及他的儿子克洛诺斯报复他的情形,这就是诗人对于一位最高的尊神说了一个最大的谎,而且就谎言来说,也说得不好。关于乌剌诺斯的行为以及他从他儿子那方面所得到的祸害,纵然是真的,我以为也不应该拿来讲给理智还没有发达的儿童听。最好是不讲,假如必得要讲,就得在一个严肃的宗教仪式中讲,听众愈少愈好,而且要他们在仪式中献一个牺牲,不是宰一口猪就行,须是极珍贵难得的东西,像这样,听的人就会很少。"③在他的"理念说"的引导之下,诗人所描述的"事实"被指喻为所谓的"影子的影子"——与"真理"隔三层。比如床有三种:第一种是在自然中本有的,它是神制造的;第二种是木匠制造的;第三种是画家制造的。像诗人这样的模仿者的产品同样也与自

①　C. Geertz, *The Interpretation of Culture*, New York: Basic Books, 1973, chapter 1.

②　M. Manganaro, *Modernist Anthropology: From Field to Text*, Princeton: Princeton University Press, 1990, pp. 15-16.

③　柏拉图:《文艺对话集》,朱光潜译,人民文学出版社 1963 年版,第 23—24 页。

然隔着三层。① 柏拉图将理念视为一切"真实"的策源地显然出自唯心主义考虑,不过他倒是慧眼识得所谓的"真实"永远具有不同的认识层面和具有不同的意义性质。这一问题也构成了文化人类学首当其冲的学理问题,只是其运行路线似乎与柏拉图的完全不同。

作者理念——自然真实——文本作品

(柏拉图模式)

自然真实——作者理性——文本作品

(历史人类学模式)

诚然,两种模式在认识方向和逻辑上存在着截然不同的差别,但从根本上并不影响"文本作品"的同一性——生产和接受上的相同或相似。

历史学家和人类学家都面临着一个同样的问题:除了厘清虚构与事实之外,就是如何把握事实。今天,一些人类学家已经开始对传统民族志中的"事实"产生怀疑,格尔兹就此认为人类学家在田野过程中的那些先期建立联系、寻找提供信息者、誊写文书、梳理谱系、制作地图、记日记等技术性环节并非关键因素,重要的是与人类学知识体系有关。因为它决定着人类学家在田野调查中对"事实"的选择、理解、分析和解释。② 类似的见解我们也可以从历史学家们的口中听到:"写历史牵涉的不仅是这个知识依据,还需要能掌握事实,也就是说,需要知道历史学者从传说中筛选出事实所凭借的准则。"③概而言之,人们今天越来越相信,两个"F"之间并非不能打通,并非不可逾越。

换一个角度,诸如"历史事实/ 故事传说"经常并不需要将二者加以彻底分离和透析,它们具有一体性。在西文中,历史(history)——"他的故

---

① 柏拉图:《文艺对话集》,朱光潜译,人民文学出版社 1963 年版,第 70—71 页。

② C. Geertz, *The Interpretation of Culture*, New York:Basic Books, 1973, pp. 5-6.

③ 乔伊斯·阿普比尔、林恩·亨特·玛格丽特·雅各布:《历史的真相》,刘北成、薛绚译,中央编译出版社 1999 年版,第 57 页。

事"（his－story）与故事（story）之间只是附加了一个人称代词。从词语的表面上分析，后者似乎更接近于"事实"本身，因为它具有"非人称"（it's）的喻指；本质上恰恰相反，只有附带着人（his）的叙述才更接近于"事实"本身。至少"事实"系由人类判断。也只有加入了人类的判断的"主观性"（可以理解为人文性），"历史"才有意义。① 同时，历史是时空的进程和人文话语的双重叠加。文化的不可复制性在于它的历时性。所谓"文化的历史复原"永远是一个有条件的限制性概念。对于逝去事件的了解，在很大程度上要依赖于历史的文献记录。但是，文献是文人记录的，其中必然充满了人文话语。所以，任何"记录都不能成为单一的历史部分，即真正发生的遗留物……历史的记录本身充斥着人的主观性——视野、视角和'事实'的文化漂移"②。有些学者基于对历史进程中人文话语的认识，提出了所谓"虚构的存在"或曰"非真实的真实"（fictitious entities）③。本质上看，"虚构的存在"包含着现行时髦"话语"——"说"的历史性权力选择。我们偏向于认为，历史人类学所寻找的"事实"宛若建构其叙事大厦的"材料"，选择什么样的"事实"取决于要建造一个什么样的大厦，它的设计、样式、时代风格、兴趣爱好……哪怕对于同样的历史事实，当它们在不同设计师的建筑蓝图里都变得不一样，因为建筑"结构"是不一样的。

就某一个具体民族而论，历史事实的构成和记忆的选择表现为非强迫性的追味往昔，它的目标之一是在祖宗的谱系叙事的选择中攀附神圣，想象英雄。在这里，"历史的制造"与"族群的记忆"便成为不可分割的两个实体：隐喻与真实的通融，共同推动着社会。它展演了什么，遗留了什么，记忆了什么都清清楚楚。这使我们有机会看到一个社会、民族是怎样进行记忆的：什么被留下了，什么被剔除了；什么是事实，什么是虚构；虚构怎样

107

---

① 彭兆荣：《再寻"金枝"——文学人类学精神考古》，载《文艺研究》1997 年第 5 期。

② E. Ohnuki-Tierney eds. , *Culture Through Time : Anthropological Approaches*, Stanford：Stanford University Press, 1990, p.4.

③ E. Ohnuki-Tierney eds. , *Culture Through Time : Anthropological Approaches*, Stanford：Stanford University Press, 1990, p.279.

成为历史的一部分。萨林斯曾经在《历史的隐喻与神话的现实》一书中精巧地以夏威夷神话仪式与库克船长的历史传说为例，讲述着同一个道理，彻底打破了"想象—历史""神话/现实"之间"貌离神合"的价值界限。在虚拟与事实、主观与客观的内部关系的结构中再生产（reproduct）出超越对简单真实的追求，寻找到另外一种真实——"诗性逻辑"（poetic logic）。①人们看到，库克船长的"历史事件"恰恰满足了印第安人神话叙事的一个必备要件，二者共同完成了一个历史叙事的"结构"。人们骤然发现，英国的历史叙事和夏威夷印第安的神话叙事其实同为一个"历史事件"，虽然看上去有天地之遥。相同者原来是那个听得腻耳的"结构"。列维-施特劳斯早先就为我们做了一个分析示范：在一个印第安部族图皮那巴斯（Tupinambas）的"双胞胎"神话里早就发现了类似的历史结构来自完全相反的结构叙事要素及意义，它们才是真正"隐藏在表面上无秩序背后的秩序"②。我们似乎也明白了，从涂尔干的社会结构论、列维-施特劳斯的结构主义"普遍文法"、布罗代尔的历史"长时段"（结构）到萨林斯"历史的隐喻与神话的现实"的结构无不在为同一命题作答：历史事实是限制性的，操纵者是躲在其后的社会"结构性叙事"。这样，"历史叙事"便水到渠成浮现了出来。

　　相对于历史的"结构性叙事"，历史事实与神话虚构的关系非但不被隔绝，相反表现为一种活动的交通关系。它有一套规则："夏威夷的历史经常重复叙述着自己，第一次它是神话，而第二次它却成了事件。"③其中的对应逻辑在以下四点：第一，神话和传说的虚拟性正好构成历史不可或缺的元素；第二，对同一个虚拟故事的复述包含着人们某种习惯性的认同和传承；第三，叙事行为本身也是一种事件和事实、一种动态的实践；第四，

① M. Sahlins, *Historical Metaphors and Mythical Realities*, Ann Arbor：The University of Michigan Press, 1981, pp. 10-11.

② C. Levi-Strauss, *Myth and Meaning：Cracking the Code of Culture*, Toronto：University of Toronto Press, 1978, pp. 11-12.

③ M. Sahlins, *Historical Metaphors and Mythical Realities*, Ann Arbor：The University of Michigan Press, 1981, pp. 9.

真正的意义价值取决于整个社会知识体系。对某一种社会知识和行为的刻意强调或重复本身就成为历史再生产的一部分。它既是历史的,也是真实的。知识的再生产仿佛社会的再生产。布迪厄看准了这一点,"社会事实是对象,但也是存在于现实自身之中的那些知识的对象,这是因为世界塑造成了人类,人类也给这个世界塑造了意义","与自然科学不同的是,完整的人类学不能仅限于建构客观关系,因为有关意义的体验是体验的总体意义的重要部分"。[①] 所以,社会意义实质上是"双重解读"(double reading)的果实。

与萨林斯相似,胡克曾经注意到在近东和爱琴海地区中的神话和仪式作为一种文化的交汇点并不局限于像马林诺夫斯基和德拉克利夫-布朗等人类学家所看到的"功能性存在"。他认为,神话经常用于对仪式进行曲折的调整和协同,这使得多种文化相互作用的模式和所观察到的"事实"显得相当具有一致性。这些材料通常可以在更加

四川汉代画像砖

人首蛇身的伏羲女娲,汉人是要将他们"神圣化"的。

广泛的意义上作认同:这便是人——作为应用符号的动物——不仅仅只作行为需要上的解释,而且还要给其以语言或其他"符号"行为上的理由。神话和仪式本身就具备了"事实"与"理念"的互文。[②] 两种"事实"都可同

---

① 皮埃尔·布迪厄、华康德:《实践与反思——反思社会学导引》,李猛、李康译,中央编译出版社1998年版,第7—9页。

② S. H. Hooke ed. , *The Labyrinth*, New York:Macmillan Publishing Company, 1935, p.9.

视为叙事。它既具有"肇因论神话"(theaetiological myth)的发生性基型，同时，又为"后发生学概念"，即为后来进行各种分析提供重要的本源性价值。我们可以在很多神话的事例中看到仪式的"后续事实"(after the fact)。许多例子说明，神话叙事与历史事实在缘生上趋向于相互作用和影响。①据此，我们可以从"本文/文本""事实/虚构"的双重表象中感受到机制化、形式变化的巨大的话语表述能力和诠释基础。因此，无妨将神话叙事看作"另一种历史"，而且是具有发生学意义上的历史。②

---

① Kluckhohn C. , "Myths and Rituals：A General Theory，"in *The Myth and Ritual Theory*, ed. R. A. Segal, Qxford：Blackwell Publishers, 1998, p.329.

② 彭兆荣:《永远的"乡仪之神"》,载《读书》2001 年第 9 期。

五、族群"边界"与历史"叙事"

在人类学家眼里,空泛和抽象的历史是不存在的,任何历史的发生和表述都脱离不了基本的族群背景和社区单位。我们相信,每一个民族或族群对"我们的历史"都有一个相对一致的假定,以便区别于"他者的历史"。族群成为"确认历史"具体单位的另一条边界,即"我族历史"必须借助于"他族历史"的边界关系(boundaries)进行确认。巴斯认为:"民族确认的最重要价值与族群内部相关的一些活动联系在一起,而建立其上的社会组织同样受到来自族群内部活动的限制。另一方面,复合的多族群系统,其价值也建立在多种族群不同的社会活动之上。"①也就是说,某一个族群认同和社会价值必定在一个特定时空性、知识性和策略性场域建立族群间的互动关系。"我们的历史"从来就无法完成自我边界的"圈定"工作。而且,即使是曾经划定了的边界,亦会在与周边其他族群的相互关系中不断发生"边界的移动"。

我们也相信,虽然"我者历史"的建立需要借助"他者历史"的参照比对方能完成,但是这并不意味着"我者的历史"不具备个性特征和自我负

---

① F. Barth, *Ethnic Groups and Boundaries*: *the Social Organization of Culture Difference*, Boston: Little, Brown and Company, 1969, p. 19.

责的能力。事实正好相反,越是在与不同族群边界的关系修建中越是需要强化某一个族群的认同(ethnic identity)。道理很简单,任何民族历史和文化的确认终究系由某一民族的人民根据自己的族源和背景自己来确认。①换言之,"历史的制造"羼入了某一民族(或者族群)意识,是一种族性认同的叙事策略。在族性(ethnicity)研究中,"历史"、社会记忆等常被认为是凝聚了族群认同这一根本情感的源头。"透过'历史'对人类社会认同的讨论,'历史'被理解为一种被选择、想象或甚至虚构的社会记忆。"②其中也就有了一种历史记忆与族群认同间相互负责的关联性,他们要对自己的行动负责。③ 个中关系大致如是:"我者历史"必须通过与"他者历史"的边界修筑和划分来帮助完成,但也正由于这种相互并置关系的存在,"我者历史"的特征与个性被格外地加以强调,以凸显其"自我认同"的专属性。

因此,任何历史其实都是一种确定族群范围的认同(ethnic identity)和记忆。这样,所谓的"历史叙事"与"族群记忆"也因之染上的浓厚的现代国家的权力色彩和现代社会的具体语境,也因为相同的理由,表现出相应的策略性特征:族群的"集体性记忆"与"结构性失忆"或"谱系性失忆"(genealogical amnesia)都可以理解为"强化某一族群的凝聚力"。④ 所以,族群认同下的"历史记忆"其实同时意味着同等意义上的"历史失忆"。因为历史的记录不仅使之成为历史构成的一个部分,也使这些被记录的部分成为无数历史发生过的"遗留物"(survivals)的"幸运者",属于人类主观因素和文化漂移视角的选择对象。⑤ 这样,历史叙事与族群记忆便逻辑性地同构出了一个相关的、外延性重叠的部分。

---

① F. Barth, *Ethnic Groups and Boundaries: the Social Organization of Culture Difference*, Boston: Little, Brown and Company, 1969, p. 3.

② 王明珂:《根基历史:羌族的弟兄故事》,载黄应贵主编:《时间、历史与记忆》,台湾"中央研究院"民族学研究所,1999 年版。

③ M. Sahlins, *Islands of History*, Chicago: University of Chicago Press, 1985, p. 152.

④ 王明珂:《华夏边缘:历史记忆与族群认同》,允晨文化实业股份有限公司 1997 年版,第 45—46 页。

⑤ E. Ohnuki-Tierney eds., *Culture Through Time: Anthropological Approaches*, Stanford: Stanford University Press, 1990, p. 4.

"叙事"在今天的历史争论中成为一个一触即发的话题。抵抗历史学变迁的人士,倾向于把叙事作为历史特有的写作方式来捍卫,赞成历史学革新的人却倾向于贬低它的作用。但是,真正比这些争论重要得多的是所谓的"元叙事"(metanarrative)或"主控叙事"(master narrative)①。在我们看来,历史的"元叙事"之所以重要,是因为它不仅直接与历史的缘生形态(primordial statement)丝丝入扣,而且还引出了历史叙述中的"话语"性质——任何历史叙事无不潜匿着政治性目标的追求和政治意图的表达。再者,叙事同时表现出一种明确的对历史"事实"选择策略下的有族群目的的"事件性"重新组合。为什么要叙说这些,不叙说那些? 为什么要这样叙说而不那样叙说? 为什么要选择在这样的时间情势而非那样的时间情势叙说? 这些都与"话语"有关,都不是任意的社会行为。

　　以最为粗泛的认知,"历史—族群记忆"可以被视为一种社会机能和能力。它建立在另一个必要的逻辑前提——"族群叙事"(ethnic narrative)之上。叙事每每被简约地等同于故事的讲述。西文中的"历史",从字义上解释正是"故事的讲述"。人类属性多种多样,除了"生物存在和经济存在"之外,还有一个基本的属性是"故事的讲述者"(storyteller)②。人是故事的制造者,故事又使人变得更为丰富;人是故事的主角,故事又使人更富有传奇色彩;人是故事讲述者,故事又使人变得充满着历史的想象。在这里,叙事本身具有自身的功能—结构,"人的讲述"也具有历史语境之下的功能—结构。没有基本"故事讲述者",记忆便有束之高阁之虞。其间的关系应为:社会叙事与社会记忆互为依据,共同建构成一个社会知识传袭和伦理价值的机制。

　　我们之所以把"叙事"约等于讲述,是因为二者都在进行着一种表达。但是,叙事除了具有语法性讲述规则以外,还包含着强烈的社会历史规约,符合"范式改变"(paradigm change)的现代表述需要。"处在故事与读者

---

① 乔伊斯·阿普比尔、林恩·亨特、玛格丽特·雅各布:《历史的真相》,刘北成、薛绚译,中央编译出版社 1999 年版,第 210 页。

② M. Richardson, "Point of View in Anthropological Discourse," in *Anthropological Poetics*, ed. I. Brady, Rowman & Littlefield Publisher, Inc., 1991, p.207.

之间的叙事者,决定着讲什么和让人怎么看"①。这里有两个关键:第一,历史事件是否发生或者怎么发生可以独立于叙事活动。一个叙事也未必在任何方面都依赖于所讲述事件的"真实性"②。第二,叙事具有相对独立的结构系统。以往人们经常误认为在历史的叙事中,叙事者为单一性,事实上,叙事者为多位一体。历史过程本身可以被视为一种叙事(历史的自然演变)。名字写在文本封面上的作者仅仅为"显叙事者"。纵然是同一作者,对待相同的历史事件也可以表现出完全不同的叙述面貌。马林诺夫斯基在特罗布里安岛(Trobriand Islands)面对相同的人和事,分别写进民族志和私人日记里就面目全非。相对于"显叙事者",疑还有"隐叙事者"——表现为超越单一个体的或被故事逻辑牵着鼻子走的叙事行为。对于人类学家来说,他们除了在田野作业(fieldwork)中要面对一个个具体的故事讲述者,还要面对一个"共同体叙事"。在"共同体叙事"面前,分散的个人显得无足轻重,他们总躲藏在"一片由许多无名无个性的面孔组成的大墙背后"③。历史与叙事同构出一个神奇的"魔方"。

毫无疑问,叙事具备明确的情境特征。历史与时间、空间不能脱离干系。"尤其是历史叙述,甚至放在现代时间的概念上"④。我们毋宁将"历史记忆"看作一种时间制度之于族群行为的展演,特别是统治阶级和主体民族对于文字记述的控制使得人们难以在平等的"历史事实"之中做出选择。比如在传统的中国,要让汉人去了解其他少数民族的社会生活和传统文化不仅没有必要,事实上也很困难。可是,历史上许多少数民族却不得不被强行地接受汉文化教育,学习汉字。当然,由于许多少数民族、弱势族群没有文字系统,其历史叙事与族群记忆呈现出许多特别之处:仪式因此成为格外的一范。他们通过"仪式时间"(ritual time)不断地对"过去重

①　华莱士·马丁:《当代叙事学》,伍晓明译,北京大学出版社1990年版,第3页。
②　华莱士·马丁:《当代叙事学》,伍晓明译,北京大学出版社1990年版,第77页。
③　桂夫海纳·米盖尔主编:《美学文艺学方法论》,朱立元、程介未编译,中国文联出版公司1992年版,第120—122页。
④　乔伊斯·阿普比尔、林恩·亨特、玛格丽特·雅各布:《历史的真相》,刘北成、薛绚译,中央编译出版社1999年版,第187页。

复"，使族群记忆进入祖先"永恒的过去"，以获得一种"超时空、超个体"的权威感。① 所以，仪式无疑成为他们历史叙事与族群记忆的"贮存器"（container）。尽管人类学家们对仪式的界定见仁见智，诚如利奇所说的"在仪式的理解上，会出现最大程度上的差异"，笔者偏向于选择格尔兹的观点："在仪式里面，世界是活生生的，同时世界又是想象的……然而，它展演的却是同一个世界。"②至为重要的是："作为文化原动力的'窗户'，人们通过仪式可以认识和创造世界。"③毫无疑问，仪式的"叙事—记忆"表现出了结构—功能分析的巨大可能性。其中的道理是：社会叙事—社会记忆都建筑在"社会结构体系"之上，或至少与之有着密切的关联性质。

　　时间与空间是一对孪生子。族群的仪式记忆不仅表现为对时间的记录，同时还间隔出一个结构的空间范围。因为神圣与世俗如果没有产生足够的"间离空间"，仪式和宗教的崇高性便无从生成，"中心"与"边缘"也就无法成就"话语效果"。因此，仪式是历史叙事和族群记忆的时空载体。涂尔干在《宗教生活的基本形式》中认为，宗教可以分解为两个基本范畴：信仰和仪式。仪式属于信仰的物质形式和行为模式，信仰则属于主张和见解。仪式是以其对象的独特性质来确定和辨别的，并由此与其他的人类实践（如道德实践）区别开来。世界划分为两大领域，一个是神圣的事物，另一个则是世俗的。这种区分构成了宗教思想的特征。信仰、神话、教义和传奇，或是表象，或是表象的体系，它们表达了神圣的本质，表现了它们所具有的美德和力量，表现了它们相互之间的联系以及同世俗事物的联系。但是，人们绝不能把神圣的事物理解为所谓神或精灵之类的人格化的存在……而一种仪式也可以具有这种特征，事实上仪式若不是在某种程度上具有这种特性，就不称其为仪式…… 由此我们得出下列定义：一个宗教是

---

① M. Block, "Symbol, Song, Dance and Features of Articulation is Religion an Extreme Form of Traditional Authority," in *Ritual*, *History and Power*, Atlantic Highland, N. J. : Athlone Press, 1989, pp. 20-44.

② C. Geertz, *The Interpretation of Culture*, New York: Basic Books, 1973, p. 112.

③ C. Bell, *Ritual Theory*, *Ritual Practice*, New York & Oxford: Oxford University Press, 1992, p. 3.

信仰与仪式活动之统一的体系,它们都同神圣的事物有关。神圣的事物是有所区别和禁忌的。① 我们看到,在纪念或祭祀性仪式里面,"神圣/世俗"并非具有意义上的确定性,二者经常相互打通,其依据来自族群单位的背景语境。

柯普曾经就"神圣/世俗"这一组概念的同名从语言学角度作了历史的考证,它的拉丁语来源 sacrum/profanum 从一开始就具有丰富的意义。首先,它指专属于神所操控的事物,所表示者为"神圣",大致与 holy 相当,具有"全知全能"的指喻。与 profanum,profanes(即神圣)相对应还有一个类似的词"fas",指神域之外、不受神操控的领域。我们也可以理解为:属于神所掌握的领域为"神圣"的,反之便是"世俗"的。事实上,最早的所谓神圣对于罗马人来说并非一定与神联系,而是直接与仪式性场域发生关系,即祭祀的宗教场所,诸如庙宇等具体祭祀的地方(fanum)。具体说就是,将特定举行祭献的地方作为一个神圣的位置确定下来,从而与非神圣的地方相隔开来。② 依照语言上的训诂,"神圣/世俗"因此至少具有以下的指示范畴:

(1)以神话叙事为特征的历史性——时间指喻
(2)以神祇为核心的专属性——性质指喻
(3)以仪式为表现形态的归属性——形式指喻
(4)以场域为范围距离的空间性——空间指喻
(5)以行为为规定范畴的连带性——行为指喻

仪式叙事的基本特征表现为它的象征功能和操控能力。"我们可以最终看到,作为特殊的强调功能,仪式的展演在社会进程中、在具体的族群中起到了调整其内部变化、适应外部环境的作用。就此而言,仪式的象征

---

① 史宗主编:《20 世纪西方宗教人类学文选》,金泽、宋立道、徐大建等译,上海三联书店1995 年版,第 61—63 页。

② Cople C.,"The Sacred and the profant in Engclopedia of Religion,"Vol. Ⅱ,ed. Micea Elia-de,ed.,NewYork:Macmillan Publishing Co.,1987,pp. 511-518.

成为社会行为的一种因素、一种社会活动领域的积极力量。"①那么,仪式的社会化功能如何作用于叙事呢?我们可以分几个方面来认识。首先,按照叙事的基本形态,无论叙事是什么,讲述、解释、表现、记忆等都无法遮盖一个基本的事实:"任何一种解释,只要它在时间中展开,在过程中有惊人之处,知识仅仅得之于事后的聪明,那它就是一个故事,无论它如何纪实。"②换言之,叙事的"时间性展开"决定着它的历时性,从这种意义上说,它具有物质的性质。其次,时间的一维决定了叙事的过程。但是,叙事的过程并非一本"流水账",没有衔接,没有域限。恰恰相反,叙事的过程刻意于事件过程的波澜起伏,仪式的力量在此起到了非常重要的作用。通过它的程序化的设置,叙事在过程中的关键阶段必须"通过"某种程序以保证叙事社会化和文学化。这样,仪式和文本构成了叙事的一个坐标。③ 这个简单的坐标让人们看到叙事的"文本"和"仪式"构成了纵横相交的"物质化形态"。

马克思认为,对于过去事情的记忆一直存在着"隐瞒"与"揭示"相对的策略化:"从前革命需要回忆过去的世界历史事件,为的是向自己隐瞒自己的内容。19 世纪的革命一定要让死者去埋藏他们自己的死者,为的是自己能弄清楚自己的内容。从前是辞藻胜于内容,现在是内容胜于辞藻。"④对于那些主体民族、强势族群,"族群记忆"表现为经常性地贬诋少数民族、弱势族群——"他者的历史"构成同一话语的叙事习惯。对于汉民族传统而言,族群的确认与"方位—地缘"相联系,也就是所谓的"一点四方"方位律制:既是人群规范,也是行政律令。"犬"等动物("东西南北/狄戎蛮夷"的族群无一不"从虫")的确认历史与"蛮夷"搁置一畴。这样的二元结构规定了任何族群在进行族群记忆和选择的时候,先期已经羼入

① V. W. Turner, *The Forest of Symbol: Aspects of Ndembu Ritual*, Ithaca: Cornell University Press, 1967, p. 20.

② 华莱士·马丁:《当代叙事学》,伍晓明译,北京大学出版社 1990 年版,第 238 页。

③ M. Bal, "Experiencing Murder: Ritualistic Interpretation of Ancient Texts," in *Victor Turner and the Construction of Cultural Criticism: Between Literature and Anthropology*, ed. K. M. Ashley, Bloomington: Indiana University Press, 199, p. 19.

④ 《马克思恩格斯选集》第一卷,人民出版社 1976 年版,第 606 页。

了类似于福科所说的"区分/排斥"（Division/Rejection）话语原则。族群认同逻辑性成了记忆的前提。"历史事实"与"神话叙事"之间的边界相当模糊，起直接作用者更多地体现在功利、价值、策略诸方面。很清楚，一个民族在选择其族群认同和记忆中的缘生纽带时，"过去的事实"并非至关重要，重要的在于如何建构历史语境中的"现在的真实"。这一切都是历史人类学的任务。

　　总之，历史学与人类学的聚合不仅显示出当代学术发展的需要，更重要的是，它有助于对人类的生命体验和社会文化的变迁做更加完整的描述与更为精细的分析，有助于对族群关系的"事实"做历史性的拓展。毕竟，"历史叙事"与"族群记忆"从来不能剥离开来。这便是历史人类学这一学科兴起所依据的学理。

第二章

进化

一、"进化"抑或"演化"

"进化"这个词大约是近代以来中国语用中少数几个语义最为含混的词语之一，也是最容易产生歧义的一个词。从表面上看，人们对它的共识程度非常高，几乎没有疑义。特别是新中国成立以来到20世纪80年代这一历史时期，人们很难有机会看到或听到对"进化论"批评的声音。但是，如果我们对它进行认真的辨析，就会发现，由于对进化论的"肯定评介"成为一种带有政治性意味的主导倾向，致使对其进行历史反思和深度描述的研究非常少。又由于对"进化论"语义的诠释和确认与"社会进化论"缠绕在一起，人们对它的误解、误读、误用已经深深地嵌入社会价值系统中，留下深深的印记，所以短时间内难易其辙。不过，这并不能成为在今天学术反思时代对像"进化"这样的关键词做"知识考古学"式的梳理和重新认识的理由，恰恰相反，这为我们提供了一个重新认识它的新的历史语境。

不言而喻，我们中的绝大多数人所接受的"进化"概念的最主要的知识来源是达尔文的进化理论。依据《简明不列颠百科全书》的解释，进化（evolution）指生物种永远在变化，一个物种可以繁衍出不同的后裔，这样的生物过程称为生物进化。事实上，在18世纪就有一些学者明确地表述过物种的这种现象，但只有到了1859年达尔文出版《物种起源》一书后，进化思想才流传开来。进化论的证据主要包括两个方面:一是生物间的相似性(同时代生物间以及现今生物与古代化石标本间的相似性);二是生物在地球上分布的规律性,物种都是一次起源于一地再向其他适宜的地区播散。综观进化的各种理论,作为理论原则,进化的过程大致包括:

(1)自然选择。即物种的生存和发展是在自然界的竞争之中,那些适应能力较强的生物能得以存活和繁殖。

(2)可遗传的变异。生物如无变异,也就谈不上选择。但选择出来的优良变异如果不能遗传,也就无法形成稳定的新种。

(3)综合进化论。遗传突变是产生变异的根源,但突变也不能太频繁,否则进化的结果就得不到巩固……①

查尔斯·达尔文(1809—1882)

《自然选择之路:物种起源》的作者,进化论的创造人。

如果以这样的界定为原则进行对照,我们很快会发现,在我们的知识谱系中的"进化论"与之有许多不吻合之处。

就"进化"的语用而言,"进化论"所揭示者基本上局限于生物种类变化的事实。如果进化之"进"仅仅是一个时间上的纯粹物理性概念似乎还容易接受,但是,被广泛地应用于生物种类、社会生活、文化类型或者诸多知识分类的表述时,问题就出现了。即使在生物的变化方面,生物的消失与诞生也是在同一个意义上确定的。② 也就是说,有些物种在一个时间段中诞生了,另一些物种则在同一个时间段中消亡了。在这里,我

---

① 《简明不列颠百科全书》第四卷,中国大百科全书出版社1985年版,第413页。
② 让-雅克·尤伯兰:《史前人类》,韦德福译,浙江教育出版社1999年版,第33页。

们除了勉强地在物理时间的一维性上确定"进"外，再找不到任何"进"的含义。除非"进"即是"退"，"生"即是"死"这样的悖论可以成立。至于随之出现的"社会进化"这样的概念，问题就更多了，因为它被赋予了一种社会价值的判断和评价。

就这一个词的词源索考，evolution 是由拉丁语 evolver 演变来的，其含义是"展开""展示"。最初人们将下列发展过程称为"进化"（后来证明这种观点是错误的）：事先在雄性的精子里，或在雌性的卵子里存在一个完全形成的微小机体，然后由它逐步发展或"展开"成完全成熟的有机体。如果我们仍然依照 evolution 的原始意思——"展开"的话，它所指示者旨在表示变化或演变，即它无论是"进"还是"退"，或者"停"（演变的一种相对稳定的形态），都可以在现象和表述上更接近于科学。变化或曰演化才是绝对的。难怪有的学者将它译为"演化"，或用"演化论""天演论"，而没有选择"进化论"。① 比如近人严复在翻译英国赫胥黎所著的 *Evolution and Ethics and Other Essays* 时，用的就是《天演论》。笔者认为"演化"的译述不仅更接近于这个词的原始指谓，更具有客观性，也更容易避免不同社会价值观念的牵强附会。如果把世界看作一种格局，我们只认同演化的秩序，它的核心是展示。它是宇宙中秩序的秩序、现象的现象、本质的本质。只有演变才可以称得上具有"普适性"。附加了"进"，其实也就把"退"也携带进去，并由此构成二元关系的完整构造。也就是说，就生物学观点而论，"进化"和"退化"都构成演化的形态要件。现在问题的症结在于，"进化"只张扬其中的一面，淡化甚至消弭了另一面，这本身就是对"演化"的一种阉割。

自达尔文《物种起源》诞生以来，作为一种生物理论，迄今为止还没有任何一种理论足以替代它。换言之，在生物领域，它建立了一座人类历史上最为伟大的丰碑。这是毫无疑义的。但是，任何一种理论总是受到历史知识的限制，受到时代观念的影响，受到理论体系本身的约束……"进化论"也一样，理论上它并非无懈可击。当然，有些事情往往并不仅仅是理

123

---

① 吴泽霖总纂：《人类学词典》，上海辞书出版社 1991 年版，第 242 页。

论本身的偏颇，而是后人将其"放之四海而皆准"的失当。事实上，达尔文本人临死之际也没能找到那些现代生物和灭绝物种之间"过渡环节"的证据。他写道："那些处于现代生物及灭绝物种之间的过渡环节，数量之大一定令人难以想象。可以肯定的一点是，如果这个理论是正确的，它们就一定在这个地球上出现过。"但他自己也提出疑问："为什么我们没有发现它们大量地镶嵌于地壳中呢？"他因此猜测："答案也许是因为这些化石记录并不像我们想象的那样完整。"有的学者据此指出，出土的化石记录无法为这种进化过程的循序渐进性提供任何佐证。[①] 人类在寻找所谓"过渡生物的链条"等化石证据上的匮乏，导致人们不得不在"猿—人"之间运用更多的逻辑推理和材料类用。然而，在科学史上，以相同的材料推证出完全不同甚至截然相反的结论的例证并非罕见。本人就有过这样一种经历：在与一位基督教徒论辩的时候，双方所取的资料完全一样，而我坚持生物"进化"的观点，他却认定生物的"上帝创造"论。显然，面对如此尴尬境遇的一个重要原因在于缺乏足够的"中间形态"和"过渡环节"的材料支持。

何况，"进化论"所使用的方法并非万无一失，它留下了方法论上的一个"空隙"。我们知道，归纳和演绎是科学研究擅长使用的方法。我们也知道，归纳和演绎都没有绝对的把握，这是常识。就像我们不能说张三是盲人，李四是盲人，王五是盲人，那么你就是盲人一样。我们同样相信，通过长达五年在贝格尔号（the Beagle）上对自然和生物种类的大量接触，达尔文对生物种类的了解和归纳已经足够多样，可是人类毕竟是生物多样性中最独特的一种。事实上，达尔文本人没有这方面的研究经历。单就此而言，"从猿到人"还是一种假定。其实，历史上对达尔文"进化"思想的方法论进行批评者不乏其人。亚当·塞奇威克说，"达尔文的理论不是归纳的——不是建立在一系列公认的事实之上的"，指出他的方法"不是真正的培根方法"。他甚至直接写信给达尔文本人："你背离了……真正的归纳法。"我们不会拘泥于方法论上的指责，就像达尔文本人在自传中所作

---

① 迈克尔·贝金特：《文明的疑踪》，苗晨、宋航译，光明日报出版社 2000 年版，第 40—41 页。

的声辩那样:"(我)以真正的培根原理为指导而工作,并且,没有任何理论可概括全部事实。"① 我们宁可相信,类与类之间的差异未必能通过同一种方法获得同质性的解释,就像我们不能轻易地通过对人类的事实性寻找和试验而把结果简单、生硬、完全相同地移植到其他物类一样。否则,人类有什么"资本"自诩为"宇宙的精华""万物的灵长"呢?

众所周知,作为一门学科,人类学最重要的学理依据正是"进化论",它几乎成为早期人类学历史上无可比拟的事件和焦点。也正因为此,人类学对"进化论"的理解、争议和批评长时间地贯穿在人类学历史之中。这甚至构成了学科的两种动力:(1)"进化论"是人类学知识谱系中最原初、最直接的传袭内容;(2)人类学同时也是"进化论"最深刻的反思者和最激烈的批判者。对于"像火山爆发一样的进化论",赫胥黎曾经描述人们对《物种起源》这一理论和事件的态度:"1860

《主,你上哪儿去》

卡拉齐的作品《主,你上哪儿去?》,我猜想主的回答是"我造人去"。

年达尔文提出了这样的建议:'就体质组织而论,人类和最高级的猿类之

---

① I. 伯纳德·科恩:《科学革命史》,杨爱华、李成智、李长生等译,军事科学出版社 1992 年版,第 298 页。

间的差别,就像最高级的猿类和最低级的猿类之间的差别一样.'那时没有什么看法比这一建议像火山爆发一样,那样振动人心,那样能把各种事物正确地、合适地区分开来了……"这一时期的论战和辩论不局限于有科技知识或有科学头脑的人,各界人士都参与了争论,主要是因为他们认为新的见解会推翻"启示性"宗教,但是这种争论没有起到真正的作用,反而导致谎言和怨愤。一些人仅仅在感情上反对进化论,但目前多数人都赞成布罗卡的宣言。布罗卡宣称:"至于我,我更加感到荣幸的是,抬高了被贬低的事物的地位。如果认为在一些学科中可以受一些感情的干扰,我将表示,我宁愿做一只完善的猴子,不愿做一个退化了的亚当。"①

与当时的社会形态相吻合,在很长的一段历史时期内,人类学历史上这场空前的论争几乎把每一个人类学家都卷入其中,仿佛人们不对此进行表态便不足以表达一个学者的学术立场一样。在这场"大是大非"的论争面前,赞同者居多。古典人类学派干脆直接以"进化学派"冠名,他们不但在学术倾向上站在了支持者的一边,而且还将自己的学术理论建立在对"进化论"的附会和应用之上。诚如我们所熟知的早期人类学家,如泰勒、斯宾塞、弗雷泽、摩尔根等人都是执着的进化论者,理论上他们也以"单线进化论"学术理论著称于世。与此同时,反对"进化论"的人也不少,比如劳弗(B.Laufer)在赞扬洛伊(Lowie)的《文化与文化人类学》的评论中如是说:"在我看来,文化进化论是所有科学理论中最空洞乏味、有害无益的理论。"②作为人类学的常识,我们也知道,人类学历史上的所谓"传播学派"正是基于对"进化论"的批判而形成的一个重要的学术流派。

---

① A.C.哈登:《人类学史》,廖泗友译,山东人民出版社1988年版,第58页。
② 托马斯·哈定、大卫·卡普兰、马歇尔·D.萨赫林斯等:《文化与进化》,韩建军、商戈令译,浙江人民出版社1987年版,第1页。

二、"进化/退化"还是"渐进/突变"

"突变"如果可以被视为演进论的一种形态,它同样表现出一种与"进化"相同的、为科学精神所宽容的假定条件。至少从广义的演化论看,突变同样可以理解为与"进化"等值的变化,它的逻辑前提同样是将事物看作是动态的。在学术界,动态理论的一个重要主张就是所谓的"突变理论"。这种理论认为,如果一个过程由某些函数关系(极大或极小函数)控制,那么这些变化的结果就可以用突变的特定结果来解释。动态系统理论的一位代表人物 R. 托姆做出了多维拓扑模型。用这种模型可以精确严密地处理系统状态的演替,即使变化是根本性的、突然的,也就是说,变化是"突变性的"。这种理论因此被命名为"突变理论"。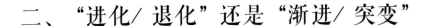 在人类的演化过程中,突变理论并非没有任何依存的理由,因为演变的最通常的类型就是"渐序性的"和"突变性的"两种。论证上,人们同样可以用已知的材料和人(homo family)所积累和建立的谱系去解释演变现象,这似乎同样适用于突变理论。E. 拉兹洛正是这样做的。他为我们举了两个"渐进论"的反证例子,或者说假定性解释。

---

① E. 拉兹洛:《进化——广义综合理论》,闵家胤译,社会科学文献出版社 1988 年版,第 47 页。

例一:虽然现在没有一种为大家普遍接受的关于我们这个物种起源的理论,但情况很可能是这样:人类大家庭的谱系树会呈现出同样的间断缺口,即具有与其他生命形态同样的突变进化方式。相对来看,在 400 万 ~ 800 万年这么短的一段时间内就出现了一种两腿直立行走的物种,而把那些树居的猿类甩在了后面。这场突变可能是由于日益严重的干旱引起的。这场干旱发生在上新世。当时非洲东部的热带森林消退了,出现了林木稀少的热带草原。在高高的草丛中采取直立的姿势可能大为有利,用两腿走路又腾出了上肢使用工具和挥动武器去同草原上的大型食肉动物对抗。最原始的人类祖先可能是从一些时间待在树上,一些时间待在地上,逐步过渡到只用两腿站立和行走。

例二:我们有理由相信,现代智人(sapiens)是在不久以前才成为取得支配地位的物种。虽然我们的祖先早在 10 万至 13 万年以前就出现在非洲,但是仅在大约 3 万年以前他们才在欧洲取得了支配地位。正是在这段时间前后,尼安德特人①消失了,而他们的消失,虽然至今仍笼罩着神秘的气氛,但很可能同现代智人的出现大有关系。从那时到现在的 3 万年间,在欧洲,除了现代人类之外,没有任何属于人类祖先的其他物种的记录。化石记录表明,现代智人大约是在此前 5000 年从非洲迁移过去的。可能最初与尼安德特人共处,也许是居住在不同的地方。但随着现代人扩散到东亚乃至澳大利亚,主要的竞争物种就消失了。在欧洲突然发生的人种替换,会不会是因为现代智人能比尼安德特人更好地适应使东南欧和西伯利亚大面积无树平原出现森林的那场气候转暖的趋势呢?答案并不清楚。但这个事实看来是不容置疑的。现代智人从非洲进入欧洲并在 5000 年这样短的一段时间内成了欧洲唯一的原始人种,这又是一个突变进化的实例。原来占据支配地位的种群丧失稳定,从边缘侵入的物种随后兴起并取得了支配地位。②

---

① 尼安德特人(Neanderthalman)是在更新世晚期、旧石器时代中期分布在欧洲、北非和西亚一带的"古人"。——译者注

② 参看 E. 拉兹洛:《进化——广义综合理论》,闵家胤译,社会科学文献出版社 1988 年版。

退而言之，如果我们全盘接受"进化论"所概括的人类演变历史，那么，有一个事实就显得很突出，即我们基本上是作为灵长目食肉动物而崛起的。在现存的猴和猿当中，这是人类的独特之处，但这种主要的转化在他类动物也屡见不鲜。比如，大熊猫就是逆反过程的典型例子。我们由食草转为食肉，大熊猫则由食肉转为食草。它和我们一样，在许多方面也算是非凡、奇特的动物。关键在于这种转化使一般动物具备双重性格，一旦时机成熟，它就会精力十足地扮演进化角色，同时还遗留不少旧的习性，未等有足够的时间克服旧习性，它又匆忙去适应新的环境。"裸猿就是如此。它的身体和生活方式适合森林生活，但突然（进化意义上的突然）它被放置在一个不同的环境。在那里，它只有像狼一样机智、擅用武器才能幸存。"①这告诉我们，就算"进化论"具有普适性意义，时间对于不同的环境、地点及物种的作用也是不一样的。对于有些物种来说，你可以说它在"进化"，对于另外一些物种来说却意味着"退化"，而对某些物种来说却昭示了"死亡"或者"消亡"。这个道理并不艰涩。在同一个演化的单位时段里面，如果就动物的消化器官来看，假如认为从食草到食肉是一种进化，那么，从食肉到食草就是一种退化了。而我们不能同时解释"进化论"的"退化论"那样的悖理。那么，它的标准又是什么呢？至少，它说明了简单地理解进化论不啻为一种形而上学的机械教条主义。这就是为什么我们宁可用演化的道理，至少，在同一个历史时段当中，"进化"和"退化"可以同时发生，因为它可以通过最为简单的物理时间作为计量单位和原则。它对演变过程的各种形态都具有"公平"的意义。如果赋予某一个时间单位"进化"的意义，那么，在同一个时间单位内的不同变化速度、方向等便是"退化"。就像我们今天在建设的时候，它可能同时昭示着破坏。当我们在津津有味地计算着人均可支配的资本大幅提升之际，可能正好是许多生物种类大面积消亡的时候。当我们的人居面积大幅度攀升的时候，必定就是其他生物种类的生存空间大幅度下降的时候。当人类为自己的现代化经济成就欢欣鼓舞的时候，也可能是自然生态遭到空前破坏之时。绿化与

---

①　D.莫瑞斯：《裸猿》，周兴亚、阎肖锋、武国强译，光明日报出版社1988年版，第9页。

沙化同步进行,它们都可以完成于同一个单位时间。这就是演化论最简单的计算方式。

毫无疑问,如果认可"进化论"中的"进",那么"退化论"之"退"便顺理成章。我们看到,远在古代希腊自然哲学的认识中就有一个非常著名的说法:人类自诞生以来经历了一个循环式"退化"过程。"四时代说"犹在耳畔:黄金时代、白银时代、青铜时代和黑铁时代。而这四个不同的时代与一年四季的变化联系在一起,构成人类早期对自然、社会的朴素认知。无独有偶,同样的声音我们可以在许多宗教教义里面真切地听到。比如基督教,其基本的叙事逻辑一如"四时代说":原初之时,世界是美好而洁净的"伊甸园",因为有了人类的罪孽,因为人类对神的不敬,因为人类受到撒旦的诱惑,致使世界变得越来越坏,也导致了上帝用毁灭人类的方式惩罚之。"进化论"的坚持者当然不会认可这样的观点,摩尔根在《古代社会》中就旗帜鲜明地指出:"用人类退化说来解释蒙昧人和野蛮人的存在是再也站不住脚了。这种学说是由摩西的开天辟地说推衍出来的,人们根据一种假定的必然性而勉强接受这种理论,但这种假定的必然性再也不能维持下去了。作为一种学说,它不仅不能说明蒙昧人的存在,而且在人类经验中也找不到任何事实根据。"[1]摩尔根深刻指出了"退化论"的毛病,却无情地将"进化论"的毛病一并揭示出来。就像我们不能轻易地认同"退化论"一样,我们当然也不会全盘接受"进化论"。我们相信历史在变,时间在流逝。演变是确定的,演变中有"进",演变中也有"退",演变永远是限度性的。这才较为接近我们所要遵从的科学态度。

另一方面,根据考古学的成就,今天的考古学家们已经拥有了大量的化石材料:除了丰富的完整的头骨和头后骨髓的标本外,还发现了不少于二十具相对完全的骨架。即便如此,对于演化事件和顺序在人类学研究领域也仍然未能取得一致的意见。对于像现代人的起源这样的问题依然构成当前人类学讨论中最激烈的问题。人们就完全不同的假说不断地争论

---

[1] 路易斯·亨利·摩尔根:《古代社会》上册,杨东莼、马雍、马巨译,商务印书馆 1977 年版,第 7 页。

着,甚至难得有一个月的时间不举行会议,大量的出版物和科学论文围绕着同一个问题,并常提出截然相反的观点。当我们回溯几千年来的历史的时候,我们看到文明的端倪表现于越来越复杂的社会组织中:村落为酋长领地所取代,后者又为城市国家所取代,然后是民族国家。这种看来好像是不可抗拒的越来越复杂的社会是由文化的进化,而不是生物学的变化驱动的。正如一个世纪以前的人,在生物学方面和我们一样,处于一个没有电子技术的世界;7000 年前的村民们是和我们一样的人,但是缺乏文明的基础结构。① 一言以蔽之,考古学的发现和越来越多的化石等材料的出现不但未能在同一个问题上达成一致,恰恰相反,所引发的争议越来越大。

我们在为考古学上一个又一个的伟大发现而欢呼的时候,同时也明白,在考古学材料的测定、判断等方面尚缺乏见仁见智的观点。即使是人们已经对考古材料,比如化石的测定和判断已经达成共识,我们仍然被推到了证据材料的"不周延性"的责难之中:因为某些物质,如骨头、石器等的特殊性,它们可以历经千年获得侥幸的遗留;那么,人们同样有充足的理由假定,那些无法留存下来像化石一样的材料——让我们没有机会慷慨面对的"证据",逻辑上它们具有同等的机会获得与"进化论"完全不同,甚至截然相反的结论。这是一个假定,就像"进化论"仍是一个假定一样。何况,化石毕竟只是时间遗留下来的某一方面的证据材料,那些没能侥幸遗留下来的材料是否可以得出与骨髓一类的化石一致的结论呢? 提出这样的假设并不苛刻。莫瑞斯就认为化石不能帮助我们弄清表皮与毛发的变异情况,因此,我们无法知道裸化的准确时间。但我们有理由肯定,裸化过程是我们祖先离开森林后开始的。这是一个非常奇怪的变化,简直就是在广袤的原野上所发生的巨大演变图景的另一个特征。但这是如何发生的,又怎样有利于狩猎猿的幸存呢?②这个问题即使在今天也是一个极有

① 理查德·利基:《人类的起源》,吴汝康等译,上海科学技术出版社 1995 年版,第 61—62 页。
② D.莫瑞斯:《裸猿》,周兴亚、阎肖锋、武国强译,光明日报出版社 1988 年版,第 21 页。

意义却没得到圆满解答的问题。我们当然不能因此说，中国人（蒙古人种）身体上的裸化程度高就比欧洲人"进化"得更彻底。换言之，我们不能因为自己身上的体毛比西方人更少或者更短就说我们比他们"进化"得更彻底，是更文明的人类。可是，裸化的程度放到进化论里面要如何解释？毛发或许没有完整意义上的化石价值，人类不同的人种可以认定为"活化石"。看来，硬要塞入类似"进化论"的社会价值判断有的时候不免荒唐。

三、"进化"是否"进步"

我们之所以认同演化这样一个概念,其中一个重要的理由在于"进化"一词烙上了明显的"进步"色彩和意味。如果我们只将进步限定在一个"逝者如斯"的物理时间,限定在时间的一维性之上,似乎勉强可以接受。问题在于,"进化"被赋予浓重的社会指示,即确认后来者之于先辈更加进步。其实,"进步"之于时间的推进而言也是有限度的,甚至可能是倒退的。这样的道理非常明显。如果我们只将进步局限于技术革新范畴的话,用"进步"大约不会有什么问题,如新一代的产品会比旧的更先进。但是如果用之于不同的民族和族群、不同的文化模式、不同的文明体,甚至于不同的历史演化,标以进化之"进步"便大可商榷。由于人类学是一门专门从事"异文化"(other culture)研究的学问,时间在人类学研究单位里会呈现出非常不同的认知和判断,它取决于不同文化制度对时间的建构。"人类学对此能提供的基本而主要的贡献之一是时间如何被用在社会文化所建构的问题上"①。这样,在人类学家的眼里便会出现多种多样的时间分类和相关时间制度。诸如涂尔干(E. Durkheim)的所谓"个人时间"

---

① 黄应贵主编:《时间、历史与记忆》,台湾"中央研究院"民族学研究所1999年版,第1页。

与"社会时间":前者强调个人主观意识所理解的时间,后者强调社会活动所蕴含的社会节奏。埃文斯-普里查德(E.E.Evans-Pritchard)在《卢尔人》中归纳出了三种时间实践:生态时间、结构时间和神话时间。列维-施特劳斯著名的婚姻交换理论的时间观,即结构主义的"共时性时间"(synchronic time)和"历时性时间"①(diachronic time),尽管在实际的婚姻实践中两种时间存在着事实上的交换融洽,但是两种时间不啻为结构主义在理解和处理时间上的一种原则。利奇(E. Leach)则将涂尔干"神圣/世俗"的分类观念带进时间制度,建立了所谓的"完整的时间流"(flow of time),在一个完整的由"神圣与世俗"互相交替的过程中具有"创造时间"的能力。格尔兹(C. Geertz)在巴厘人的社会里应用了"日常生活时间"与"仪式性时间":前者指亲属关系生活实践的"暂时性时间",后者指仪式活动中具有的超越时间限制的经验。布洛克(M. Bloch)认为每一个文化至少存在着两种时间观:一是仪式时间,二是实际时间。前者强调"活在过去",后者则强调"活在现在"②。总之,在人类学家眼里,物理时间无不打上了族群、社会和历史的印记,时间往往只表现为一种分析工具。就抽象的时间而言,它并无"进步"的意义,只有在某种社会价值的引导下才出现了所谓的"进步"。关键在于,"进化论"融入了以白种人为主导价值的"欧洲中心论"和殖民扩张的政治性指示。简言之,具有明确的"时间权力"的"话语"性质,值得我们格外警惕。

事实上,自达尔文的进化论诞生以来,套用进化理论解释社会的"进化论"也大量出现。而古典人类学产生的一个学理性圭臬就是认为以欧洲为中心的社会和文化样本是"文明的""进步的"和"高级的",其他的社会和文化则属于"野蛮的""落后的"和"低级的"。一时间,以这样的观点区分和看待不同的社会历史、不同民族文化者非常普遍。人类学的"文化相对论"正是对一种线性的文化观进行批判的产物。尽管后来的人类学

---

① A. Gell, *The Anthropology of Time*, *Cultural Constructions of Temporal Maps and Images*, Oxford: Berg Publishers, 1992, pp. 23-29.

② M. Bloch, "The Past and the Present in the Present", *Man*(N.S.), 1977, 12(2), pp. 278-292.

界对"文化的相对论"也有不少批评,但是从历史的角度看,文化相对论对社会进化论的批判切中时弊。霍布斯鲍姆就曾以"历史学有进步吗"为题做了一个相当具有现代性的回答:"对许多学科而言,'进步'一词显然适用,但是有人认为——至少我就这么认为——其他学科则不适用……对于'进步'的概念,其他学科至少总体上似乎很难适用,如哲学和法学这两门学科。柏拉图没有被笛卡儿抛弃,笛卡儿没有被康德抛弃,康德没有被黑格尔抛弃,我们无法探明智慧的积累过程,无法证明后人对前人研究的吸引恰恰证明前人研究的永久正确……"[①]我们知道,文化与文明具有同质单位的自我言说和自我负责性质,它们的产生和变化与特定条件、历史成因等的客观构成息息相关:一方面,它们与其他文化类型和文明体系在比较上可能具有相同的品质;另一方面,每一个文化类型和文明体系都是唯一的,就像人类与某一个具体的人的关系那样。

　　公元前7000年,来自东方的移民进入克里特和希腊本土,族群的移迁时间可以测算,其所带来的文化交流和族群融合则无法计量

---

① 埃里克·霍布斯鲍姆:《史学家——历史神话的终结者》,马俊亚、郭英剑译,上海人民出版社,2002年版,第63—64页。

　　根据考证，"进化"一词最初使用于 1744 年，是由德国生物学家阿尔布莱克·冯·哈勒发明的，用于他的胚胎由卵子或精子中预先存在的微小个体发育而来的理论。哈勒在选择词汇的时候非常小心，因为拉丁文 evolver 的含义是"展示"。而《牛津英语词典》在训诂的时候更将这一个词追溯到 1647 年 H. 摩尔（H. More）的诗句"外形展示（进化）弥漫于世界广布的灵魂中"。但是这种展示的含义与哈勒的展示的含义不同，它指的是"表现一个事件序列中的规则顺序"，更重要的是，它含有进步发展的概念。《牛津英语词典》继续写道：发展的过程是从萌芽状态到成熟或完整的阶段。因此，在英语中，进化与进步的概念紧密相连。[①] 但是，细心的读者会发现，即使是达尔文本人在他的早期的著作中也没有使用"进化"一词，他使用了"带有饰变的由来"（descent with modification），与他同时代的最伟大的进化论者拉马克使用的是"转型"（transformisme），海克尔则爱用"递变理论"（transmutation theory）或"由来理论"（descendent theory）。就是在《物种起源》一书中，达尔文也是在书的最后才用这个词：

　　　　认为生命及其若干能力原来是被注入少数类型或一个类型中的，而且认为在这个行星按照引力的既定法则继续运行的时候，最美丽的和最奇异的类型从如此简单的始端，过去，而且还在进化着，这种生命观是极端壮丽的。[②]

　　达尔文在这一段中选择"进化"这个词是因为他要以生物发展的变迁与万有引力这类物理定律的固定不变做比较。但是，他很少在进化中带有我们称之为"进步"的意思；相反，达尔文曾经提醒自己在描述生物的结构时绝不说"高等"或"低等"——因为假如一个阿米巴可以很好地适应它所

---

① 斯蒂芬·杰·古尔德：《自达尔文以来——自然史沉思录》，田洺译，生活·读书·新知三联书店 1997 年版，第 21—22 页。
② 达尔文：《物种起源》（修订版），周建人、叶笃庄、方宗熙译，商务印书馆 1995 年版，第 557 页。

生活的环境,就像我们适应我们的生活一样,谁又能说我们是高等生物呢?① 很显然,"进化"所掺和、糅杂的"进步"的观念和意义本身就有一个非常有意思的演化轨迹。这个后果所产生的悖论性在西方社会一直受到批判。比如古尔德就认为:"这种错误地将生物进化等同于进步的观念,一直有着不幸的后果。历史上,它产生了社会达尔文主义的滥用(达尔文本人有一点这种思想),这种臭名昭著的理论根据假设的进化程度排列人类种群与文化,并将(毋庸惊讶)白种欧洲人排在顶端,而将他们征服的殖民地排在底端。今天,这种思想仍然是致使我们在地球上傲慢的一个重要因素。我们相信,我们控制着居住在我们星球上几百万的其他物种,而不是与它们平等相处。进化一词的变更情况已经讲明白了,然而却不能为之做些什么。我当然也非常抱歉,科学家们挑选一个含有进步意思的本国语词汇,来指称达尔文的虽然不太悦耳但却准确得多的'带有饰变的由来'时,确实存在着基本的误解。"② 对于有些人来说,"误解"或许仍然远远不够,而应该是"故意的曲解与误用"。

连西方人都不讳言,"进化论"是与殖民扩张同时产生的一种理论并深刻地作用于殖民政策。如上所述,在"进化"之中注入"进步"意思的一个认知前提

海克尔 1874 年版的《人类发生学》中含有这种对进化的种族主义解释。图中右下角者为黑人。摘自《自达尔文以来》

---

① 斯蒂芬·杰·古尔德:《自达尔文以来——自然史沉思录》,田洺译,生活·读书·新知三联书店 1997 年版,第 20—23 页。

② 斯蒂芬·杰·古尔德:《自达尔文以来——自然史沉思录》,田洺译,生活·读书·新知三联书店 1997 年版,第 25 页。

就是欧洲的白种人为最"先进""进步""文明"的人类种群——俨然一个类似于萨义德所言说的所谓"我者"。相反,在殖民地国家,怀特在为哈定所著的《文化与进化》一书所写的序言中写道:"同样值得注意的是,进化论在文化人类学中活跃之时,正是资本主义面临发展的时代:进化与进步恰是当初的时代样式。而在19世纪末叶,随着殖民扩张时代的结束和西方世界资本主义民主制度的成熟和确立,进化这一概念就不再时兴了。"①如果我们把"进化论"置于19世纪这样一个特定的时代,"进化论"所赋予的"进步"含义不仅包含着"我者/他者"的类似性社会文化的规定,即确立一个以欧洲白种人为"高级",其他为"低级"的基本逻辑关系,这种形而上学式的理论还暗示着某种历史的宿命观。面对相同的历史环境,"文明者"是"进步"的,"野蛮者"是"落后"的,这样的分类永远不能改变。换句话说,"进化"仿佛是一个尺度,在这个尺度之下,那些已经被认定为"野蛮""落后"者便没有机会超越"文明""先进"者,否则便违背了"进化"的规则。这很残酷,也很可怕。难怪詹姆斯就此说过这样的话:"'进化论'的历史观在否认人独创性的无比重要性时就显示,它是一种非科学的极端模糊的观念,也是一种现代科学决定论向最古老的东方宿命论的倒退。"②伴随着"地理大发现",殖民主义更是肆无忌惮地在殖民扩张、灭绝种族的所谓"殖民主义者的控制制度"之下上演了一幕幕血腥的历史悲剧和闹剧。"消灭印第安人"甚至成了一个时期的口号。③在这里,"进化"被悄然篡改为"净化"——以欧洲白色人种为权力中心的"种族净化"。

　　"进化"理论自达尔文开始,在时代、种类分类上的移植也有值得商讨的地方。至少后人在引用的时候经常未能准确地把握对象的分类,有的时候甚至连基本的人种关系都没能理清,导致了在一些问题上的混乱。史密

---

① 托马斯·哈定、大卫·卡普兰、马歇尔·D.萨赫林斯等:《文化与进化》,韩建军、商戈令译,浙江人民出版社1987年版,序第2页。

② W. James, "Great Men, Great Thoughts, and the Environment", *Atlantic Monthly* 46, 1880, p445.

③ E. R. 塞维斯:《文化进化论》,黄宝玮、温世伟、李业甫等译,华夏出版社1991年版,第78—79页。

斯就这个问题进行过讨论:历史表明,在欧洲大陆上曾经生活着一些现在已经"消失"了的人类。在辟尔唐人、海德堡人、尼安德特人——将来也许必须将伦敦的劳埃德人列入这个名单——消失之后很久,格里马迪人和克罗马农人以及生活在驯鹿时期的其他人种进入了欧洲……最后一个阶段(新石器时代以前)被称之为马格德林时期。有许多迹象表明,欧洲驯鹿时期的几个文化时期——分别被称为奥瑞纳文化、梭鲁特文化和马格德林文化——不能被看成是整个人类史上的几个时代……这些事实突出地说明使用"时代"这个词的混乱,也暴露出用词不当的"进化论"是多么缺乏根据。① 如果说在欧洲这样一个具有相对一致性地理概念之下都会出现不同的人种之于时代"进化"上的不契合的话,那么,在世界范围内以同一种原则对历史断代、族群确定、物种筛选的"进化程度"所带来的问题必将更多、更大。文化相对论的一个好处在于,它可以自己说明自己。一个生物种类、一个族群、一种文化类型,无不具有自然生态、生产方式、生活样式、文化价值体系的自我成因,无不限定在确定的地理范围、生态环境、族群边界等诸多可计量和不可计量因素的说明之中。用简单的"进化论"框囿之,不但粗糙,而且逻辑混乱。

---

① G. 埃利奥特·史密斯:《人类史》,李申、储光明、陈茅等译,社会科学文献出版社 2002 年版,第 56—57 页。

四、"生物优势"与"文化优势"

"刀叉"

"刀叉"与"筷子"一样都继承了祖先的智慧,何以见得非要后者"进化"到前者才算"文明"呢?

把"进化论"的"进步"指喻移植于文化,可能比生物本身进化的问题还要多得多。就文化类型而论,我们今天自然不会将"刀叉文化"视作比

"筷子文化"更高级、更进步的类型,反之亦然。我们倾向于把它们看作是不同文化的精彩展演。但是,如果我们引入文化进化即文化进步的模式,那么,欧洲"刀叉文化"就应该比东方的"筷子文化"更"进步",否则就有悖"进化即进步"的道理了。果真如此的话,连我们自己都不自觉地陷入殖民主义的泥沼。然而,在人类学研究的历史上,持此观点者不乏其人。生物界的进化发展,一般以古生物学家的所谓"优势种"(dominant types)的一系列演替来表现,每一优势种在其组织构造内皆会呈现某些新的结构和功能上的改良。尽管许多生物学家在其研究中回避使用"进步""高级"等概念,因为它们有赖于非科学的价值判断,但是对生物进化过程中存在着优势种这一点颇为认同。这种理论在文化研究上的移植便自然出现了所谓"文化优势法则",它可以表述为:那些既定环境中能够更有效地开发能源的文化系统,将对落后系统赖以生存的环境进行扩张。[1] 中国的例子也被用作阐发:中国文化扩展的主导方向,始终是朝着南方的。自黄河流域起成一扇形,中国文化无情地向南移动——无论是王朝分裂时代还是帝王统一时期——侵吞着土地、异族及其文化,并在上面打上了永久的、不可更改的"中国"标记。那些不能同化的部族,则被驱赶至资源贫瘠的地区,或者被消灭。[2] 不论历史事实是否真如其所述,这已经是相对次要的,重要的是,如果承认生物进化中的"优势种理论"之文化的"优势进步论"移植的正确性,则毋宁承认殖民主义是进步的。人们很容易因此联想到"二战"前夕希特勒的纳粹德国在发动侵略战争的时候,所用的一个理由正是"日耳曼人是世界上最优秀的人种",而要灭绝犹太人的理由则是"犹太人是世界上最劣等的人种"。

在早期的人类学进化学派的时代——甚至在此后的很长一段时间里,"原始的"(primitive)、"野蛮的"(barbarous)、"野性的"(savage)等用语在古典的人类学著述中大量出现,这很正常。因为,只有建立这样的视野与

141

---

[1] 托马斯·哈定、大卫·卡普兰、马歇尔·D.萨赫林斯等:《文化与进化》,韩建军、商戈令译,浙江人民出版社1987年版,第55—60页。

[2] 托马斯·哈定、大卫·卡普兰、马歇尔·D.萨赫林斯等:《文化与进化》,韩建军、商戈令译,浙江人民出版社1987年版,第67页。

态度，"进化"才具备基本的演变逻辑。这样的研究以今天的眼光来看，不仅表述着差异的类别，更隐含着"话语"中的"权力"性质与特征："现代的"（modern）、"文明的"（civilized）、"发展的"（developed）等也就自然拥有对前者"高一等级"的性质和操控权力。在"后殖民时代"的今天，当代的人类学研究已经建立了一个基本的共识：文化与族群、文明类型一样享受着平等的权利，诸如"野蛮""野性"等语汇已经被摒弃。

人们很容易通过族群的谱系梳理发现"进化论"之于种族、民族和族群等的问题。从"进化论"的历史形态以及其后的历史变迁来看，有一种倾向或者说事实，值得我们格外注意和警惕，这就是借"进化"之名行"种族优势""种族优先"之实。古尔德就此提出过疑问："布林顿告诉我们，黑人是低等的，因为他们保留着幼年的特征。博克则宣称，黑人是低等的，因为他们的发育超越了白种人保留的幼年特征。我真怀疑还有谁可以构建两个矛盾的论据去支持同样的观点。"[1]最著名的宣传达尔文的人恩斯·海克尔就看到了"进化论"作为社会武器的广阔前景，他写道："进化与进步站在一边，排列在科学的光明旗帜下，另一边排列在等级体系的黑旗下，是精神的奴隶，缺少理性，野蛮，迷信和倒退……进化是在为真理而战中的重炮，二元论的诡辩在它面前纷纷倒下……"弗格特说得更明确："我们可以认为，整个黑人部族，无论过去还是现在，都没有表现出人性进步的趋向，没有表现出存在下去的价值。"具有强烈殖民主义情结的诗人吉卜林在他的《论白人和责任》一诗中，将被征服的民族称为"一半是魔鬼，一半是孩子"[2]……类似的言论在很长一段时间里弥漫于欧洲大陆，它也为殖民统治提供了一个不可多得的理论武器和逻辑依据。

"种族优势""民族优等"说其实不值得一驳。很明白，如果将欧洲中心论的种族依据往前推到古代希腊，矛盾便陡然现出。众所周知，希腊在古代时期并非一个统一的民族，也非一个由单一的君主制统治的族群，而

---

① 斯蒂芬·杰·古尔德：《自达尔文以来——自然史沉思录》，田洺译，生活·读书·新知三联书店1997年版，第233页。

② 斯蒂芬·杰·古尔德：《自达尔文以来——自然史沉思录》，田洺译，生活·读书·新知三联书店1997年版，第235—237页。

是各自为政的如同部落那样的分散状态。"城邦"（city-state）中的"城市"（city）在翻译上曾给人以一种误导——将这种模式当作希腊语中的"波里斯"（polis）——具有一统性统治的独立共同体。而后来的西方学者，无论是出于"民族—国家"的单位利益需要，还是由于西方中心的"权力意志"作祟，抑或是片面肤浅的知识所致，都有意无意地在西方文化的源头把它与东方社会交流的关系阻断。其实，依据一些学者的看法，在那种背景之下，语言的差异才是被当作识别不同族群的标志，因为不同的部族群体有自己的语言。人们确认希腊人只是看他们是否操希腊语。而那些不讲希腊语的族群通通被叫作 barbaroi，即 barbarian，野蛮人。[①] 这说明，"野蛮"一词的原意并无种族歧视，仅仅表现为相对于希腊语的其他语种。艾柯对希腊文化的东方影响和与其他族群互动背景的看法显然要中肯得多："如果对不同的真理的探求一定意味着对希腊古典遗产的怀疑，那么，任何真正的知识都会显得更加古老。这种知识就隐藏在被希腊理性主义的先驱们所忽视的文明的废墟里面。……这种秘密的知识就可能是掌握在巫师、克尔特（Celtic）牧师或是来自东方的智者的手中，而这些东方人却操着一种西方人无法理解的语言。古典理性主义将野蛮人等同于那些语言功能不发达的人（从词源学上来说，野蛮人 barbaros 指的正是讲话结巴的人）。"[②]艾柯在词源上的考释仿佛给殖民主义者开了一个玩笑：所谓野蛮人的说法不过是由于欧洲人听不懂人家的语言。以迈锡尼文明为例，是由什么民族或族群创建的文明形态现在尚迷雾重重。尽管考古材料还不能确认其真实身份，但是从迈锡尼文明的遗留物来看，分明有大量东方的内容："富有冒险精神的迈锡尼人，在他们到达的所有地区都与东地中海各大文明密切地结合在一起，融入这片近东世界。近东世界尽管有其多样性，但由于大规模的接触、贸易和往来，仍然成为一个整体。"[③]

---

① K. Dover, *The Greeks*, Oxford：Oxford University Press, 1982, pp. 4-5.
② 艾柯、罗蒂、卡勒等：《诠释与过度诠释》，王宇根译，生活·读书·新知三联书店 1997年版，第 36—37 页。
③ 让-皮埃尔·韦尔南：《希腊思想的起源》，秦海鹰译，生活·读书·新知三联书店 1996年版，第 9—10 页。

维纳斯的诞生

波提切利在《维纳斯的诞生》中是要创造一种有时限性的、族群性的美神,还是超越时限和族群边界的"美"? 这是一个问题。

"民族—国家"虽然在现代国家的话语系统里面得到较为充分的讨论,它的雏形却可以推到西方的帝国时代。帝国时代的一个重要的价值特征也正是通过强调某一个帝国边界族群的高贵性和其他族群的野蛮性而加以区分和排斥。这样,作为西方中心的知识来源,希腊神话的谱系也就顺理成章地被纳入民族和国家的知识范畴。为了达到这样的目的,政治上必须强调奥林匹亚的神谱属于"希腊国家神祇"(the Greek State of the Gods),它与野蛮民族的多神教并不相同。因此,野蛮民族的多神话也无法在希腊国家神话里面被确定下来;当然,这并不妨碍希腊神话系统与古埃及和古巴比伦神话具有相似性因子。不过,作为埃及的宗教神祇与希腊的国家神祇本质上是不同的。[①] 文艺复兴的重要代表但丁在强调人的价值的同时,从来没有忘记要将不同的民族用等级划分开来。他直言不讳地

① M. P. Nilsson, *The Mycenaean Origin of Greek Mythology*, Berkeley: University of California Press, 1972, p. 221.

说:"我的论点是:罗马人建立帝国,对世上一切人加以一元化的统治是合乎公理的,而不是篡权行为。对于这个论题,我首先作如下证明:最高贵的民族理应高居其他民族之上;罗马民族就是最高贵的民族;因此,它应该高居其他民族之上。"①于是,文学的叙事也就接着有了根据。我们神圣的诗人维吉尔的长诗《伊尼德》(*Aeneid*)就有这些依据:"谁还能怀疑罗马人的祖先以及整个罗马民族是天下最高贵的人? 谁还能不承认这三个大陆的血统的三重结合是天命所归的神迹?"②我们在这样的"诗学传统"中看到"进化论"的传承因子。怪不得有人嘲笑"达尔文真正发现的只不过是维多利亚时期人们信奉进步的倾向而已"③,其中的一个用意就是宣称"种族优等"和权力意志。

我们也不能不看到,人类学作为一门科学的学科,从它的创始阶段和学术基础来看,一方面在"进化论"的旗帜下将文化发展过程中的"等级"类型化,"异文化"经常与"野蛮文化"相伴;另一方面,也由于人类学家们有机会经常与非欧洲民族及族群的文化传统接触,他们更能够认识到文明其实不过是一件东拼西凑的百衲衣。"转借"(borrowing)实为文化史中的重要因子。他们也有同样的机会了解到与文化关系密切的种族其实也具有同样的混杂性质,甚至包括人种之间的交往与通婚。严格地说,血统纯粹的欧洲人并不存在。人类学家路威的证据振聋发聩:"欧洲人迁徙多么繁,通婚多么杂,今日之下,找遍整个欧洲也不用想找到一块纯粹诺迭克种或纯粹地中海种或纯粹阿尔卑斯种的地方。照一般的同意,瑞典是世界上诺迭克种最纯的国度,而照测量过上万的瑞典新兵的勒齐乌斯教授的估计起来,其中只有百分之十一是纯粹诺迭克种。"所以,在对几个主要的"欧洲人种"进行考证之后,路威得到了这样的结论:"人种不能解释文化。"④

---

① 但丁:《论世界帝国》,朱虹译,商务印书馆1985年版,第29页。

② 但丁:《论世界帝国》,朱虹译,商务印书馆1985年版,第32—33页。

③ 斯蒂芬·杰·古尔德:《自达尔文以来》,田洺译,生活·读书·新知三联书店1997年版,第21页。

④ 罗伯特·路威:《文明与野蛮》,吕叔湘译,生活·读书·新知三联书店1984年版,第25—30页。

但是,这里存在着一个巨大的悖论:现代国家却又以"民族"为基本的表述单位。我们当然可以很容易地在"人种"与"民族"之间划出一道界限。以最为简约的划分原则来看,人种主要以体质上的特征来确认它的种群,而民族则带有"文化同质性"的单位认同关系。同一个人种可以生活在不同的文化群内。博厄斯在《原始人的心智》一书中以"种族偏见"为开章,提示了"白种人/文明人—原始人(其他种族)/野蛮人"的基本分野。"文明人要自以为比原始人高一等,宣称白种人是比其他所有人种优越的高等人","欧洲民族具有比别的民族高的智能这一说法直接导致了第二个推论。它涉及欧洲人种和其他大陆上的人种之间的类型差异具有什么意义的问题,甚至涉及不同类型的欧洲人之间的差异具有什么意义的问题"。他很公正地宣布:"古代文明发展是所有人共同劳动的结果,我们必须向所有民族的才智表示敬意,不管他们代表人类的哪一部分,是含米特人、闪米特人、雅利安人,还是蒙古人。"其原因在于没有任何文明是某单一民族的天才产物。思想和发明是从一个民族传到另一个民族的。① 然而,这样分类并不能解决棘手的问题。以欧洲为例,若以人种而论,经过历史上无以计数的族群迁移和民族融合,现在要寻找一个纯粹种群已不可能,可是这并不妨碍"欧洲白种人"这样一个不大可能进行生物基因确认的"单位"成为"中心—文明"的归属依据。逻辑上说,这样的计量单位虽然荒诞不经,却堂而皇之地在人类历史的舞台上出演了许多荒诞剧。而且,由此演绎出来的"游戏规则"今天依然起着重要的作用。

　　于是,"文化法则"也就成了一个重要的判别规则。人类学历史上的"新文化进化论"者们不但强调文化作为进化的法则,而且加进了一个所谓的"文化优势法则":"那些在既定环境中能够更有效地开发能源资源的文化系统,将对落后系统赖以生存的环境进行扩张。或者也可以这样说,法则揭示的是,一个文化系统只能在这样的环境中被确立:在这个环境中

---

① 　弗兰兹·博厄斯:《原始人的心智》,项龙、王星译,国际文化出版公司 1989 年版,第 1—4 页。

的人的劳动同自然的能量转换比例高于其他转换系统的有效率。"①这显然是一个相当具有说服力而成为"文明"解释的借口。只是在"文化优势法则"中，新进化论学派避免了一个最具争议性的历史问题：侵略和掠夺是否属于"能量转换比例高"的范畴。在这里，像"能量"这样的科技概念被狡猾地移植到了文化范畴。我们可以将上面的话转述为：经过充分"进化"了的欧洲文化属于高等级文化，也就是所谓的"优势文化"，它能够对环境中的人的劳动实行高效率的转化。因此，也就可以对落后的文化系统进行扩张。韦伯的方法更有意思，他在拟构西方资本主义学说的时候采取了一种"回视"的方式，将古代希腊对世界以及其他文明类型的影响提升到一个非常的高度。在"西方文明的独特性"的命题之下，确认"科学只有在西方，才真正处于一个我们今天看来是健全的发展时期"。丰富的知识和敏锐的观察在其他地方都已存在，首先存在于印度、中国、巴比伦和埃及，只是巴比伦和其他地方的天文学还缺少数学基础。巴比伦是从古希腊学得数学的，结果其天文学得到了较前更惊人的发展。印度的几何学则缺少推理验证方法；推理验证乃古希腊学者的另一学术研究成果，后来的力学和物理学都发源于此……高度发达的中国历史学唯独缺少修昔底德的研究方法。诚然，马基雅维利在印度可以找到他不少的先辈，但所有亚洲的政治思想都无不缺少一种可与亚里士多德的系统方法相匹敌的思想方法……②我们倒是很想赞同韦伯所举出来的这些例子，可惜很难，道理非常简单。第一，韦氏怎么就不做一些最起码的考证，古希腊的文明从何而来？没有这些更为古老的东方文明，哪里来的古希腊文明？第二，古希腊文明确有其独特性，就像其他文明类型也有其独特性一样。亚里士多德的独一无二性正好与孔子、耶稣的独一无二性一样。以一个独一无二性去贬抑其他的独一无二性近乎"自我逻辑的颠覆"。

---

① 托马斯·哈定、大卫·卡普兰、马歇尔·D.萨赫林斯等：《文化与进化》，韩建军、高戈令译，浙江人民出版社1987年版，第60页。
② 韦伯：《文明的历史脚步——韦伯文集》，黄宪起、张晓琳译，上海三联书店1988年版，第1—2页。

五、"高级—中心"与"低级—边缘"

在西方,"高级人种—文化中心"与"野蛮人种—文化边缘"经常被搁置于一畴,比如我们今天仍然沿袭的"近东—中东—远东"都是以罗马城为中心来确定的。"中心/边缘"的概念与古希腊的地理学(geography)有关。最著名的地球模型之一要数公元 2 世纪的"托勒密世界"模型(Ptolemy's World)。虽然今天人们都已经认识到哥白尼的"太阳中心说"更接近客观规律,但是同样重要的是,托勒密世界模型成了人类认识世界的一个标志性里程碑。这毋庸置疑。托勒密的世界模型[①]认为世界由三个洲组成,它们是欧洲、亚洲和非洲。希腊、罗马当然是世界的中心。

在这个世界模型的边缘居住着希腊罗马神话和中世纪时期神话记述的那些真实的但带想象性描述的族群和人民。比如,在希腊地图的北边居住着所谓的希伯波里安人(Hyperboreans),按照希腊神话的描述,这是一群居住在高山洞穴里的极乐族群,这些洞穴起源于北风。[②] 另一方面,在荷马史诗《伊利亚特》中,"希波莫尔吉"(Hippemolgi)和"加拉克托发吉"

---

① F. Spencer(compiled), *Ecco Homo:An Annotated Bibliographic History, of Physical Anthropology*, Westport:Greenwood Press, 1986, pp.3-4.

② R. Graves, *The Greek Myths* (Vol. 1), London:Penguin Books, 1955, pp.21, 12.

（Galactophagi）属于西希昂（Scythians）牧马的游牧民族，他们占据着亚洲和欧洲东南部的广大地区。更低一些的，则是旦人（Don）和德内波人（Dneiper）。这些地区较为接近，因此早期的希腊人与西希昂在族性上有着密切的关系。在该世界模型的西面，希腊人认为居住着神秘的伊利修人（Elysium）（参见荷马史诗《奥德修纪》Ⅳ 和品达的《奥迪·奥林匹亚》Ⅱ）。这个地区被认为是不易栖息的地方。它也是古希腊具有地理方位的一个极地，类似于天堂。古代世界，南方可涵盖东方的广大地域，希腊人相信那广袤的地区居住着深色皮肤的族群，他们一律被称作伊西欧皮昂人（Aethiopians）。从词源上看，"伊西欧皮亚"（Aethiopia）源自"伊西欧珀斯"（aethiopes），这个词在早期希腊的语用里指太阳升起和降落的地方。在那个时候，人们相信太阳与地面的距离非常近，所以那个地方的人的皮肤也就显得更黑，"黑皮肤民族"的文学描述即"太阳灼色的民族"。在这些族群当中，可以确指的就是居住在埃及南部的族群。[①] 不过，对于这些非白人种族，希腊人和罗马人的认识有差别。比如他们对于皮肤的深浅差异有不同的解释，最有代表性的是环境的差异所致和人种的混杂而来这两种。[②] 到了18、19世纪，科学家们才逐渐开始通过人种类型来认识人类。但是，在古希腊罗马时期的学者眼里，这些不同人种和族群体质上的不同特征只是不同环境下的差别。这也意味着，种族中心主义、白人至上论等论调基本上是在罗马帝国以后以及"十字军东征"这样一个历史时期渐渐滋长出来的。而在古希腊罗马时期，"民主与寡头""平等与权力"的矛盾比较突出，"种族歧视""白种优越"并无产生的温床。即使在托勒密的世界模型中，"中心"的含义也主要指地理和方位性族群。

　　荷马的世界大到东地中海的广大地区。事实上，在公元前8到公元前7世纪，希腊人根据他们的地理知识已经到达了更大的范围，包括西班牙、埃及和克兰尼（Cyrene）。这个时期的旅游交通和殖民无疑使希腊民族及

---

① F. Spencer(compiled), *Ecco Homo:An Annotated Bibliographic History, of Physical Anthropology*, Westport: Greenwood Press, 1986, pp.4-5.

② F. M. Snowden, *Blacks in Antiquity:Ethiopians in Greco-Roman Experience*, Cambridge: Harvard University Press, 1970, pp.1-14.

其文化因此包含了丰富的人类学色彩。随着波斯帝国的强大,希腊商人的贸易甚至远及苏萨(Susa)。这一切都使得希腊古典学变得具有跨区域、多族群、多文化的鲜明特点。许多神话人物一身兼有复合的文化因子。克拉克洪据此认为,"希腊事实上成了一个人类多民族、汇集的中心(Anthropolocentric Greek)"①。这种历史中心主义虽然为以后帝国的政治意识——欧洲中心论奠定了基础,但那是后来被别有用心地篡改了。希腊原始中心的特质主要指其作为族群、物产、交通、文化交流的一个中心枢纽。它表达一种融合、一种变化。比如在埃及的神话里有动物头的神,到了希腊就没有了。希腊文化成了一个典型的荟萃者,将霍勒斯(Horus)变成了阿波罗,将奥里西斯(Orisis)变成了狄奥尼索斯。这时的希腊与欧洲没有任何文化独立主义意味,恰恰相反,它是东方思想、东方学说、东方遗产的学习和继承者。很明显,由早先的"希腊中心"到后来的"欧洲中心"是一个十足的历史政治的"文明共谋(complicity)"!

荷马时代为古希腊的开放时期,特殊的地理交通便利成了一个重要因素。但是,导致希腊人思维的开放,除了具备一定的生态环境条件外,族群之间的相互融合也是一个因素。希腊人的生物种性至今没有一个明确的概念,它只有在独立的个体中才显得有意义。这意味着以"种族"为中心的欧洲文明源泉说缺乏归纳和抽象的意义及价值。希腊人只是自然环境和族群交流的结果。希罗多德就他们的体质特征发表过这样的观点:知往昔,他们只是一些黑皮肤和带有鬈发的人。颜色对希腊人同样不具有特征性。在古希腊时期,皮肤的黑和白不具备价值分类和意义,只有"自由人"和"奴隶"才有社会意义。所以,今天人们在区分"希腊人/野蛮人"的时候时常犯错误。虽然古希腊人也会因为自己是希腊人而感到骄傲,但与野蛮人的差别并不在于别的,而是看他会不会讲希腊语。这里没有族群分类的意义。克拉克洪认为,对于古希腊的人类学研究有助于我们对当代人类学

---

① C. Kluckhohn, *Anthropology and the Classics*, Providence, Rhode Island:Brown University Press, 1961, p.9.

进行重新反思。对于希腊文化，他总结道："它变化得越大，越是同一回事情。"①

汤因比在他的《历史研究》一书中借用了考古人类学和体质人类学方面的材料，对米诺斯文明的起源作了这样的认定："考古学家的证据，证明在这里最早的人类居住的遗址是出现在克里特岛上，这个岛屿离希腊和安那托利亚都比较远，但是比它同非洲的距离却近得多。人种学支持考古学的这个观点，因为看起来已经是肯定的事实，已知的最初住在面向爱琴海的大陆上的居民有一些明显的体型特征。安那托利亚和希腊的最早的居民是所谓'宽颅人'……这个人种学上的证据肯定了这样一个结论，就是最早在爱琴海群岛的任何一个岛屿上居住的人们乃是由于亚非草原的干旱而迁来的移民。"②从这里可以看出，以地理的"中心"观念引申出"人种"的高级、优等说没有任何根据。

151

① C. Kluckhohn, *Anthropology and the Classics*, Providence, Rhode Island: Brown University Press, 1961, pp. 34-42.

② 汤因比:《历史研究》上册，曹未风等译，上海人民出版社 1997 年版，第 94—95 页。

六、"技术"与"能量"的进化论

　　"技术"与"能量"的关系似乎是成就"进化论"相对例外的佐证。换言之,随着时间的推进,人类在技术上的发明、发现以及掌握技术用于能量的控制和利用似乎表现为"进步",而不至于发生"退步"现象。新一代产品的出现正是旧一代产品的终结。这确实是带有事实性的一种表述。人类学历史上的古典进化学派的一些学者以及"新进化学派"正是号上了这一根脉搏。美国早期的人类学家摩尔根在他的《古代社会》一书中把生存的技术置于人类由低级向高级发展的依据:"人类从发展阶梯的底层出发,向高级阶段上升,这一重要事实,由顺序相承的各种人类生存技术上可以看得非常明显。"[①]由此,他将人类社会的演化分为三个阶段:蒙昧社会、野蛮社会和文明社会,而在蒙昧社会和野蛮社会又可各分为三个阶段:

　　　　低级蒙昧阶段:几乎与动物没有什么差别
　　　　中级蒙昧阶段:始于鱼类食物和用火知识的获得
　　　　高级蒙昧阶段:始于弓箭的发明

---

① 　路易斯·亨利·摩尔根:《古代社会》,杨东莼、马雍、马巨译,商务印书馆 1977 年版,第18 页。

低级野蛮阶段:始于制陶术的发明

中级野蛮阶段:东半球始于动物的饲养,西半球始于灌溉农业以及用土坯和石头来建筑房屋

高级野蛮阶段:始于冶铁术的发明和铁器的使用

文明社会阶段:始于标音字母的发明和文字的使用①

技术的改进是否意味着社会组织、文化价值的相应转变呢?这显然是一个值得思考的问题。在人类学的历史上就有学者给出了相反的观点:"澳大利亚人的技术是原始的,但却有先进的社会制度。"②不论这样的观点是否能够成立,也不论对这一问题在表述上是否正确,类似的讨论都非常有价值。任何一个重大的发明和发现,任何一项重要的技术革新,都会给社会带来不同寻常的变化和发展速度。它也构成了社会发展的一个动力。拉兹洛在回答历史进步趋势的动力时认为,对这个问题我们可以相当肯定地做出回答。虽然历史的进步不是平滑的和连续的,但同时它没有被预定要停留在任何一个阶段。按现在的惯例,对技术应用作广义的理解,把它看作是贯彻在人类所有活动中的手段,这些手段扩展了人类作用于自然和人类自身互动的能力。一项技术革新不仅仅是工具的发明,而且是想象力的伸展和观念的改变。重大的技术突破总是造成超越自然的自然(例如学会使用火和掌握飞行技术),并且把反常的事情变成了正常的事情,把难以想象的事情变成了普普通通的事情(例如利用原子能反应堆或图像与声音的瞬间传播)。它还对人的价值和习惯提出挑战,并且动摇已确立下来的制度的基础。③ 历史上的无数事实无可争议地证明,技术的发明和创新给人类社会所带来的进步无疑非常巨大(如果仅在这一层面上

① 路易斯·亨利·摩尔根:《古代社会》,杨东莼、马雍、马巨译,商务印书馆1977年版,第9—11页。

② 托马斯·哈定、大卫·卡普兰、马歇尔·D.萨赫林斯等:《文化与进化》,韩建军、商戈令译,浙江人民出版社1987年版,前言第6页。

③ E.拉兹洛:《进化——广义综合理论》,闵家胤译,社会科学文献出版社1988年版,第94—95页。

附给意义）。就像蒸汽机的出现对于工业革命的意义以及工业革命对于整个人类社会的推动作用，信息技术对于信息时代的意义以及信息时代对于人类社会所起到的推动作用一样，进步不可说不大。纵然如此，我们在确定技术的发明、应用给人类社会带来的巨大变化的时候，也同时看到它给人类社会所带来的负面影响——污染、环境破坏、自然资源匮乏、核伤害和威胁、新的疾病等。

在人类学历史上，"新进化论学派"（new evolutionary school）的主要贡献正是看到了技术革新以及人类对能量的利用所产生的变化价值。这一学派的代表人物怀特开创了"热力学第二定律"的社会文化性解释，认为人类对能量的发现和利用以及对能量的测定是人类社会发展水平的重要标准。[①] 他把热力学的效应视为"进化"的重要基础，即将它当作有用的、可量化的标准。具体而言，他把技术应用于能源，认为当人类所能利用的能量经过时间的积累递增的时候，或是把这些能量作用于各种工作中并使之增效的时候，文化就向前发展了。怀特的观点可以简约地表述为：什么人可以适时地获取新资源的能量，或在利用资源时进行技术革新，采用了技术上的新成果，他们就可以产生新的全面进步。据此，怀特认为文化发展经历了四个阶段：①人类仅仅依靠自己体内能量的阶段——原始共产社会；②人类通过种植和饲养的方法获取食物的阶段——东西方古代文明阶段；③通过动力革命，对新能源加以利用的阶段——现代工业化国家；④将来利用核能的阶段。怀特以"能量的利用和消耗"来解释文化的进化构成了这一学派最具特色的一个方面。沿着这一路径，当代人类学家在继承上又有了新的发展，比如著名的人类学家萨林斯和塞维斯主张生物界与文化界的进化都同时朝两个方向推进。一方面，通过适应性改变造成差异：新的类型从旧的类型中分化出来。另一方面，进化产生进步：较高的类型从较低的类型演变而来并超越较低级的类型。[②]

---

① 王铭铭：《文化进化论：回顾与前瞻》，见厦门大学人类学系编：《人类学论丛》（第一辑），厦门大学出版社 1987 年版，第 45—53 页。

② M. Sahlins and E. Service, *Evolution and Culture*, Ann Arbor: The University of Michigan, 1960, pp. 12-13.

不过,技术也好,能量也好,都属于容易计量和可以重复试验的自然科学范畴,而民族、社会与文化的变迁既不容易计量,也无法完全复制。它们比技术的概念,从内涵到外延都大得多。它们在结构上的稳定性比一般性的技术革新所带来的社会因素的变化大得多。"一种文化是一种技术、社会结构和观念的综合构成,它经过调整而适应于其自然居住地和周围的、常互相竞争的其他文化。然而,调整或适应的过程不可避免地也包括专化,即一种排除向其他方向变化的可能阻碍向已有变化的环境作适应性反应的单方面发展。这样,尽管适应是创造性的,但同时也是自我限制的。"这就是所谓的"文化的稳定性"。① 简言之,文化结构的复杂性决定了它的稳定性,它不会因为某一种风吹草动的变化因素就迅速使社会文化的整体性产生本质性变化。技术则不同,一项发明,一种技术革新,就会在其影响的范围内产生变化,或使生产力有较大幅度的提升,或使某些行业的竞争力迅速提高。技术上的创新经常表现为器物上的革新。一种观点认为,随着新事物的出现,人类会有新的需求,机器设备越来越复杂,安装及拆卸的工具也会跟着改进,新的工具又会促使新的设计问世,整个过程是一种循环。② 但是,我们应该时刻记住一个事实:技术属于易变部分,社会组织、意识形态或是价值体系属于不易改变部分。③ 霍布斯鲍姆就曾非常尖锐地指出:"这个世界上普遍存在两种文过饰非的力量,这也是为什么历史教训不被吸取和不受重视的原因。一种力量我已阐述过,就是使用各种机械模型和机械装置的与历史无关的、工程学的解决问题的方法。这种方法在许多领域产生过神奇的效果,但这种方法缺乏洞察力,无法关注那些开

155

---

① 托马斯·哈定、大卫·卡普兰、马歇尔·D.萨赫林斯等:《文化与进化》,韩建军、商戈令译,浙江人民出版社 1987 年版,第 43—44 页。

② 亨利·佩卓斯基:《器具的进化》,丁佩芝、陈月霞译,中国社会科学出版社 1999 年版,第 24 页。

③ 埃里克·霍布斯鲍姆:《史学家——历史神话的终结者》,马俊亚、郭英剑译,上海人民出版社 2002 年版,第 13 页。

始时没有注入模型和装置的任何其他因素。"①虽然,霍氏在此非简单地指示技术,但却以技术性的分析模型作指喻,指出这种方法之于社会历史分析的毛病。倘若按照"技术主义"的理解,当今世界上技术最先进、利用能量最发达的国家,其社会文化就是最"先进"的。我不相信这样的解释会为多数人所接受。

米开朗琪罗《最后的审判》是要"审判"人类的罪孽,而不是看谁的"技术"高或者低

---

① 埃里克·霍布斯鲍姆:《史学家——历史神话的终结者》,马俊亚、郭英剑译,上海人民出版社 2002 年版,第 40 页。

现在到了我们为讨论做结语的时候。无论是生物还是社会,演变都是一种原则,它强调变化和变迁。从"进化论"的社会历史变化轨迹中,人们很容易发现它的问题,主要表现在:

(1)在生物论证上缺乏有力的"过渡环节"的证据。

(2)归纳的方法在方法论上潜伏着"百密一疏"的危险。

(3)"进化论"的产生时代正好是殖民扩张的时期,它不能幸免地被殖民统治用作一种利器。

(4)"生物进化"与"社会进化"相互映照,"欧洲中心"据此拥有了类似"我者"的话语权力。

(5)"进化论"存在着明显的实用主义"工具论"的意味。

(6)"进化论"的社会移植带有某种宿命的暗示。

第二章

族群／民族

族群(ethnic group)是内核稳定、边界流动的意识共同体。族群与多种社会组织共生、与各类利益集团交叉,既为人们提供想象空间,也强迫他们终生"就范";不管你愿意不愿意,你都要属于由现代国家或者传统社会提供的族群身份。至少你是不同于我的"异类"或"异种"。从国家到单位,都要通过分类或识别为公民或人员"锁定"族群身份,分类或识别体现国家和单位的权威,本身有"含金量",一头接现代法律,一头连日常生活,叫那些无族属者和不愿有族属者无处"藏身"。反正你至少属于"待识别民族"或"非某族"。族群以社会实践为存在形式,其中包括话语实践和身体实践,在许多历史事件中常常变成奋斗目标或者口号,成为区分敌友的尺度。历史和文化为族群赋予了非同一般的可塑性、包容性、象征性、能产性、民众性和稳定性。族群可以和家庭乃至基因发生隐喻的联系,也可以和政党乃至国家产生认同。各种政治、经济、文化的因素都可以被族群所容纳,打上族群的标记。它的可塑性使它成为政治和经济操作的理想工具。族群之所以如此灵活,易于变通,就在于它的象征性和能产性。族群同时属于心理活动和社会活动,涉及社会记忆,涉及历史过程,也涉及权力运作。但无论是心理活动、社会活动、社会记忆、历史过程还是权力运作,都会不同程度地融入象征因素,推陈出新,衍生宏大。

　　此外,族群的生存离不开民众,而民众积极参与族群建构的原因,主要在于族群和家族的密切关系,它源于家族却又高于家族。家族为族群提供的想象的或者实际的纽带,通过亲情体验,不断验证、想象和复制族群的稳定性。

一、族群、种族与民族之名实辨

    族群的意义随着古今的不同、地区的不同和文化的不同而有所不同。背景不同的人对于族群的理解也不同,不仅如此,即便是那些来自相同背景的不同个人,也会对它有不同认识。不可否认,同族者存在或真诚或实用或浪漫的共识,在情感、想象和现实中,同文同种者,血脉相连,命运相关。① 族群先于民族(nation)存在,后来和民族并存并且发生程度不同的重合。族群跨越多个时代,从前资本主义时代到现代,都可以找到它们的影子。族群有一些"自然"特征或标记,如语言、服饰、住房、饮食、宗教、体貌等,这些特征既可以同时发生作用,也可以单个发生作用;既可以是原生的,也可以是后来产生的(同化、强加、借入等)。当然,族群心理具有不可忽视的作用。内部认同重于其他因素,具有持久稳定的能动作用。族群成员在互相认同的基础上,可以想象、改造乃至创造族群的特征或者标记,使之适应形势需要。民族则是欧洲资产阶级革命以后的"新生事物",②它既

---

① 这种认同涉及多种因素,其中包括感情、功利、操作和想象,这些因素既可以同时出现,也可以交替出现或者单个出现。历史的发展、族群的不同和个人的差别,都会给这些因素带来变化和复杂性。

② 从"名"的角度说,英语中"族群"概念大量出现在 20 世纪 60 年代以后,比"民族"概念晚。但是,如果从"实"处着眼,族群的历史就比民族要古老得多。

可以根据族群的政治、主权和领土扩展而来,也可以围绕一个核心族群形成多族"共和",甚至可以是重新创造和想象的共同体。在英美语言中,nation 还有国家的意思,我们有时翻译成"民族国家"或者"民族—国家",抑或"国民国家"。这从一个侧面表明当代民族和国家有千丝万缕的联系:民族要依附在某个国家形式之上才能和联合国这样的国际组织发生关系,才能在世界舞台上有所作为。

种族本应当指一个人群的生物学特征,如肤色、毛发、血型、基因等,但它和族群、民族常常发生交叉,为后者提供互相区分的直观根据,是族群(民族)研究不能绕开的一个主题。但是,一方面是生物学还不能为我们提供严格划分种族的科学根据,另一方面是种族和族群被混用,这都让种族成为难以严格操作的概念,成为跨文化的、多义的词语。目前社会文化人类学所研究的"种族",主要是有关的观念及其历史演变和应用,并不涉及它的"科学性"。

族群研究始终要涉及两个方面的内容,一个是它的所指意义(价值),[①]一个是它的所指对象(实在)。如果再考虑"族群"的所指意义和所指对象的发展变化,再考虑它的不同分布和特点,即如果把时间和空间因素也包括进来,问题就变得更加复杂。此外,还不能不涉及族群与其他相关概念和所指的种种联系。只有弄清它们的"名"与"实",只有比较好地把握它们在学科术语体系中的位置,才能着手进行族群理论的下一步研究。族群与种族、民族经常发生交叉,有的时候到了彼此不分的地步,这种情况不仅发生在民间,也同样发生在学术界。以下试作辨析。

种族与族群概念的演进

最容易和族群相混用的概念是"种族"(race),任何语言中的"族群"概念都和"种族"联系在一起,在血统、体貌等自然特征上重合,有时会相互取代。归根结底,是"象征"把它们粘连在一起,与真实的血缘或体貌不

---

① 也可以说成是"范畴"(category)。

一定相合。① 族群一方面确实和"种族"有着某种自然联系,另一方面也出于政治操作,成为种族主义的文化单位、心理单位和物质单位②。英语国家的"种族"一词,不仅有科学与民俗用法上的区别,也有时代和具体环境造成的差异。根据英国学者班顿(M. Banton)的说法③,英语"种族"先指"世系"(lineage),后指"类型"(type),后来又指"地位"(status)和"阶级"(class),存在一个社会语义演化的过程。这一点对我们认识种族至关重要,即用本质论来推衍种族的"本质"或其"科学"定义是行不通的。西方世界有关种族与种族关系的知识史可以追溯到16世纪的欧洲。在"种族"一词开始出现在欧洲诸语言中的时候,人们已经对各种生命形式有了许多认识,开始对它们进行分类和解释。苏格兰人威廉-顿巴尔(William Dunbar)的诗作 *Dance of the Sevin Deidly Sins* 第一次提到"种族"。④ 当时,《圣经》占有了西方精神世界,人们崇拜亚当夏娃,视其为始祖。⑤ 在世人心中,种族与血缘、世系连在一起,互相通用。在那个时代,"种族"指的是具有共同祖先的人群或者动植物群,它的自然意义大于社会和文化意义。后来,人们认识到更多的生命形式,有关知识大量增加,对于生物的分类不断细化,并得到广泛的认同,"种族"被推向突出位置。以"人类学之父"著称的德国解剖学家约翰·弗里德里希·布鲁门巴赫(Johann Friedrich Blumenbach)首次将人类划分为高加索人种、蒙古人种、埃塞俄比亚人种、亚美利加人种和马来亚人种等五大人种。这个分类至今还有影响。

如果说在"种族"作为"世系"阶段上,人们主要关注日益增长的有关

163

---

① 在现实社会中我们会遇到许多族际通婚的后代,也有不少改族称者,他们并不因为血统问题而受到社会的"求全责备"。

② 这里的"物质单位"指由语言、衣食住行等自然要素组成的"单位",具有排外亲内的功能和倾向。

③ Banton Michael, *Racial Theories*, Cambridge:Cambridge University Press, 1987, p.1.

④ Banton Michael, *Racial Theories*, Cambridge:Cambridge University Press, 1987, p.1.

⑤ 亚当(Adam)本义为"出自泥土"或"被造者""人"。最初,上帝按照自己的形象造了一个泥人,并在他的鼻孔中吹入生气,赋予他生命和灵性,这个被造者就是亚当。上帝让亚当管理伊甸园,还从他身上取下一条肋骨造了夏娃,夏娃受蛇的诱惑与亚当偷吃禁果,被上帝逐出伊甸园,生下该隐、亚伯和塞特三个儿子。参见《创世记》第二章和第三章。

各种生命形式的知识,它们的分类和解释,以及在此基础上如何使用"种族"一词,那么,在"种族"作为"类型"的阶段上,则主要涉及人类"种族"和"种族"关系的知识。19 世纪初西方流行的观点是:同种相亲,同宗相爱;异种相斥,异宗相恨。按照这种观点,种族之间的不同是由生物性差别决定的。1800 年,比较解剖学的创立者、法国动物学家居维叶(George Cuvier)提出要研究不同人种之间的不同解剖学特征。[①] 居维叶强调类型的重要性,认为属和种是在类型学上分立的稳定单位,属于类型范畴。他把人类(homo sapiens)归入脊椎动物类,下分三个亚种:高加索人种、蒙古人种和埃塞俄比亚人种。[②] 费城医生塞缪尔·乔治·莫顿(Samul George Morton)用"种族科学主义"来论证居维叶的观点,认为:人种是分等级的,白人优等,黑人劣等;文化和智力的差别产生于体质差别;不同人种之间具有内在的敌意,这种敌意的强烈程度取决于人种之间的关系。他通过测量脑容量得出结论:白人脑容量最大,棕人次之,黑人最小。他试图证明人类文化和智力的差别与人种之间的体质差别有关。后来,研究者发现莫顿的测量方法有问题。这种把人种体质特征和文化发达程度以及智力高低挂钩的观点直到现在还有影响,它是纳粹主义的理论核心,也是极端民族主义和民族仇杀的根据。斯宾塞(H. Spencer)在 19 世纪末首次提出"社会达尔文主义"(Social Darwinism)[③],运用达尔文的自然选择理论解释人类社会的进化,以"物竞天择,适者生存"的观点来解释历史、社会和文化现象。达尔文的理论有五个要点:世界不断进化,难以永恒不变;所有生物体都由同一祖先进化而来,亲种(parental species)在进化中不断分化成子种(daughter species);进化是渐进的;基因变异在随机过程中足可形成新种,称为"基因漂移"(genetic drift);进化通过自然选择实现,例如,在某个环

164

---

① W. Stocking George, *Race*, *Culture and Evolution*:*Essays in the History of Evolution*, New York:Free Press, 1968, pp. 13-41.

② Banfon, M. , Racial Theories, p. 29.

③ H. Spencer, *Principles of Sociology* (Vol. I.), New York:Appleton-Century-Crofts, Inc. , 1876.

境中不利于生物体生存的特征将逐渐消失。① 但是,达尔文的理论主要解决的是生物界的自然进化问题,涉及的是人类体质特征的自然基础,与人类社会的历史、社会和文化及其差异无关。此外,达尔文的研究对象和研究重点是个体而非群体。

纳粹集中营里待毙的囚徒

第二次世界大战使"文明人"无比凶残野蛮的真相大白于天下。6 年间杀人总数5265万人,相当于 5000 年前文明未发生时世界人口总数的两倍多。具有反讽意味的是,20 世纪又是讲人权、民主、理性的世界。

20 世纪以来,有关"种族"的理论转向认知、情感、政治操作和经济利益或阶级利益,其中社会分层和阶级斗争理论尤为突出。20 世纪 30 年代,赫胥黎(Sir Julian Huxley)和哈顿(A. C. Haddon)提出,在涉及社会层面时,用"族群"(ethnic group)一词替代"种族"(race),以划清文化性和生物性的界限。到 50 年代,美国文化人类学芝加哥学派的帕克提出,种族关系产生于种族意识,而种族意识又产生于不同人类集团对同一生态区的争夺。② 他认为,人口迁移和人口接触最终会导致整合过程(process of integration),种族冲突是这一过程的阶段之一。社会分层理论对此提出挑战,

① Mayr Ernest, "The Growth of Biological Thought: Diversity, Evolution, and Inheritance," in *Racial Theories*, ed. M. Banton, Cambridge: Harvard University Press, 1982, pp. 68-69.

② Seymour-Smith, Charlotte, *Macmillan Dictionary of Anthropology*, London and Basingstoke: Macmillan Press Ltd., 1986, p. 238.

认为"种族"是社会"阶级"（class）的表达或者延伸，总体上应作为社会分层的一个方面来分析；那种强调社会整合过程的理论掩盖了种族关系的本质，即它是欧洲种族对非欧洲种族的剥削，而非一般意义上的竞争。[1] 不过，此外对"种族"和"族群"的讨论，涉及经验主义和理性主义的不同哲学关照：前者注意"事实"，后者考虑"观念"；前者关注外在客观事物，后者考虑认识和解释周围事物的方式和方法。在人类学传统中，持理性主义的极端者是列维-施特劳斯，他所提倡的结构主义是观念的结构，而非社会的结构。理性主义关心的是"说"，而不是"做"。但总的看来，理性主义和经验主义应当是互相补充的思想方法。[2]

广西贺州贺街地方的一户瑶族人家在举行完"还盘王愿"后的合影

西方学者对"族群"并未形成共识，但在近些年来形成三个有代表性的观点：原生说（primordialism），现代说（modernism），神话—符号结说

① Seymour-Smith, Charlotte, *Macmillan Dictionary of Anthropology*, London and Basingstoke：Macmillan Press Ltd. , 1986, p.238.

② 爱德蒙·利奇：《文化与交流》，郭凡、邹和译，中山大学出版社1990年版，第3—4页。

（myth-symbol complex）。① "原生说"的主要代表是希尔斯（Edward Shils）②和菲什曼（Joshua Fishman）③。他们一致认为，族群是人类历史中的自然单位和整合要素，语言、宗教、种族、族属性和土地等"原生纽带"（primordial ties）将族群维系在一起。他们认为，族群是亲族的延伸④。"原生纽带"像性别那样自然地划分人类。"现代说"的突出代表是安德森（Benedict Anderson）⑤和盖尔纳（Ernest Gellner）⑥。安氏认为，民族（nation）⑦的产生首先是弥补一种价值真空，为的是克服挥之不去的死亡焦虑。⑧ 其次，民族的产生也涉及由文字出版而开辟的通信方式。印刷文字的使用，方便了"民族"这个"想象社群"的建立，为它提供了想象空间。同时，宗教的衰落使民族的地位上升，甚至成为必要或现实：民族要承担宗教所承担的一部分社会功能。生活在同一个社群中的人互相认同，借助印刷文字集合在同

---

① 原生说、现代说参见 Smith Anthony D. , *Ethnic Origins of Nations*, Oxford：Blackwell，1986. 神话—符号结说为本作者所增附，参见纳日碧力戈：《民族与民族概念再辨正》，载《民族研究》1995 年第 3 期。

② E. Shils, "Primordial, Personal, Sacred and Civil Ties," *British Journal of Sociology*, 7 (1957)：113-145；E. Shils, "The Intellectuals in the Political Development of the New States," *World Polictics*, 12(1960)：329-368.

③ *Language Problems of Developing Countries*, New York：John Wiley, 1968；Language & Ethnicity, Clevedon-Philadephia：Multilingual Matters, 1989.

④ Pierre van den Berghe, "Race and Ethnicity：A Socio-biological Perspective," *Ethnic and Racial Studies*, 4：401-411 (1978)；E. N. Phillip, *The Ethnic Phenomenon* New York；Elsevier, 1979.

⑤ T. M. Johnson-Woods, *Imagined Commuinites* London：Verso Editions and NLB, 1983.

⑥ Guntram H. Herb, *Nations and Nationalism* Oxford：Basil Blackwell, 1983.

⑦ 鉴于本文用汉语写作，也考虑到"民族"和"族群"在国内的使用习惯（即它们在多数情况下被当成相同的概念——尽管这并不确切），这里把"民族"作为"族群"的近现代形式之一处理，至于"民族"和"族群"的异同，将在下面论述。

⑧ 虽然每个人的死法可能不同，但他们总归要死，这是确定无疑的。此外，尘世茫茫，一切皆苦：疾病、残疾，各种痛苦。这是为什么？ 宗教的生命力就在于回答这些问题。这些问题跨越时代、种族和国界，不断困扰人类，他们不断诉诸宗教寻求答案，而宗教也因此跨越时代、种族和国界存在下来，随着欧洲文艺复兴以及后来的工业革命，宗教的权威受到理性主义的挑战，失去了往日的光彩，而人类那些古老的焦虑依然故我，社会需要一种像宗教那样能够连接过去和未来并产生永恒感的替代物，这个替代物就是民族。参见 Anderson, Benedict, *Imgined Communities*, pp. 18-19。

一个想象空间和时间内,获得不死的感觉。盖尔纳指出,民族的产生是工业社会发展的需要。近代以前的农业文明不适合民族的存在,不同的文化隔离了社会精英和食物生产者,不能产生超文化界域的意识形态。与此同时,现代化需要有文化、有技术的移动人口,需要有利于社会运转的大一统文化,而现代国家恰好能够以标准化的义务教育提供这样的工业大军。工业化和现代化以摧枯拉朽之势,彻底根除了村寨地方的传统文化和社会结构,把大量人口抛向充满陌生面孔和冲突竞争的都市中心。不能整合于主流知识文化的外来户有可能在两种民族主义的基础上,产生两种新的民族。关于族群主义的环境论(circumstantialism)和上述现代论在论证上有雷同之处:族群固然有语言、习俗等"原生纽带",但为什么有的时候族群性微弱不彰,有的时候强烈突出? 即便是在同一个时代,为什么有的族群充满了斗争性,有的族群崇尚和平? 答案恐怕还要到"原生纽带"以外去找。① 族群的"神话—符号结说"的主要代表是西顿-沃森(Hugh Seton-Wason)②和史密斯。史密斯认为,族群的核心是神话、记忆、价值和符号。他特别提出"神话—符号结"和"要素神话"(mythmoteur)这两个关键概念,它们体现了族群深层信仰和感情。族群的生命力和特性,不在于生态环境,不在于阶级格局,不在于军事、政治关系,而在于其神话和符号的性质。因为神话、记忆、价值和符号的载体是惰性的人造物和人类活动及其形式,所以,一旦族群形成,它就具有稳定性,成为可以包容和适应各种环境和压力的人群模式。因此,族群既不是"原生说"所称的"与社会共存亡"群体,也不是"现代说"所称的"创造物"和"想象物",而是两者的混合,不断受到时间和空间的重新定义。西方的民族是在劳动分工革命、行政管理革命和文化协调革命的基础上产生的地缘民族(territorial nation)。而东方的

---

①　Glazer, P. Nathan and P. Daniel *Moynihan*, *Ethnicity*, *Introduction*, Cambridge: Harvard University Press, 1975, pp. 21-22.

②　Neither War, Nor peace, London: Methuen, 1960; Unsatisfied Nationalism, Joural of contemporary ristory, 6:3-14; Nations and states. London: Methuen, 1977; The Imperialist Revolutionaries. Stanford: Hoover Institution press, 1978; Nationalism, Nations and Western Policies, The Washrgton Quarperly, 1979, 211:91-103.

则是在西方影响下，在原有族群基础上产生的，具有浓厚传统味道的族群民族（ethnic nation）。

目前，在西方民族学、社会文化人类学界，族群与种族都被看成是政治、经济操作的工具，很难找到其同一、普遍、稳定的客观依据。如果我们用体现在社会地位上的政治、经济和文化等因素来讨论族群和种族关系，那么，有关研究便能够进入历史的和辩证的视野，"种族"就不再是一成不变的生物遗传概念，而是受到特定时代和特定环境的规定。不过，以社会地位为轴心的种族理论在个人互动和动机分析方面显得薄弱，而"种族和族群关系的理

大批犹太人开的商店被捣毁和抢劫

性选择理论"（the rational choice theory of racial and ethnic relations）[1]或"交换理论"（the exchange theory）[2]在这个方面有所改善，有较强的解释力。班顿根据这个理论以及族群与种族关系的五大特征，提出五个彼此相关、重叠的理论：

第一，边界理论（the theory of boundaries）认为，个人利用体质和文化的特征，通过包容和排除来制造群体和类别，其中族群是强调包容的结果，

---

[1] M. Banton, *Racial and Ethnic Competition*, Cambridge：Cambridge University Press, 1983, pp. 104-109.

[2] 该理论自经济学衍生，强调人的根本动力是争夺资源。这个理论指出：个人行为目的是获取最大利益；个人在某一时刻的举动影响和限制其后来的选择，只有在群体能让利他性发挥潜能；由母子关系培养出的约俗利他性（prescriptive altruism）要经历社会化培养，个人要达到目的就要合群，就要假想别人也认同，这是群盟（the principle of group alignment）谋略。参见 Fortes, Meyer. 1983. *Rules and the Emergence of the society*, p. 23. London：Royal Anthropological Institute Occasional Paper；另见 Banton M. , *Racial Theories*, pp. 121-124.

种族是强调排除的产物。群体在互动的过程中表现的竞争形式和竞争强度影响着它们之间的界限变化,尤其是个人之间的竞争倾向于消除群体界限,群体之间的竞争则强化群体界限。

第二,记号理论(the theory of signs)认为,群体以包括体制特征、语言和宗教在内的记号来互相区分。以种族、民族、语言、宗教等要素为基础的群体关系的性质,因其总体性质不同而有所变化。例如,宗教群体不能容忍神学异说,但并不过问成员的政治主见;种族、族群和语言群体只有在同时是政治群体的情况下,才会压制异端,试图以"同文同种"之口号,达到政治群体的一体化,巩固其政治边界。从社会学观点看,种族群体的两大特征包括非自愿的成员身份①和对于这种身份的血统性继承。

一名犹太男青年和一名日耳曼女青年因通婚被纳粹分子抓住游街示众

希特勒鼓吹种族理论,说日耳曼民族是"地球上最高级的人种",为了维护日耳曼人的"纯洁",他反对日耳曼人与犹太人通婚。

第三,类别理论(the theory of categories)认为,"第三者"把一些人归入某个公认的群体,这种被动的"归位"也是种族与族群关系的重要特征。例如,在一些黑人与白人杂居地,不同肤色是不同种族的标记。在二元类

---

① 指一个人不能决定自己的出身。

别制度(two-category system)下,人们普遍认为一方获益必须以牺牲对方为代价,这种心理助长了这种类别区分的延续。一方的团结造成另一方的内聚,导致冲突升级。在北爱尔兰地区,宗教信仰是二元类别的基础,异教徒之间的婚姻受到敌视。

第四,群体权力理论(the theory of group power)主要讨论:祖先拥有的相对特权如何影响历史上形成的群体特征;群体之间进行交换和彼此提供服务的社会条件;权力如何含蓄地影响"讨价还价"。所有这些都会形成种族与族群关系的特点。双方若不能就"价格"达成协议,一方就会退出谈判或者诉诸政治手段来改变"营销条件"。社会关系中的权力关系涉及一种长期交易:优势方施展权力以获取服务,而如果劣势方不情愿提供服务,就会试图通过改变这种关系来减少劣势。不过,尽管个人在某种群体事业中会有所得,但如果他认为油水不多或者认为别人会出头露面,那他就会坐享其成,并不积极参与。

第五,歧视理论(the theory of discrimination)认为,群体成员的价值观差异维持了群体的存在。种族歧视与性别歧视一样,具有心理和社会两个方面。首先,歧视者会对所有其他类别的人采取同样的歧视态度,因为他觉得这是同族对自己的要求,称为"类别歧视"(categorical discrimination)。其次,形势不明朗的时候,歧视者不看好那些另类人,因为他相信后者缺少与自己相同的理想素质,这称为"统计歧视"(statistical discrimination)。再次,这是一种"独家主顾"(monopsony)现象,即那种独家主顾对众多卖家的局面,大家都歧视你,你就自成一类。最后,种族歧视还涉及对个人利益和群体利益的综合考虑。市场竞争的强度和形式影响着歧视的程度,可以减少或增强任何歧视动机。

马克思主义用唯物主义解释种族,反对上述多元论。唯物一元论把"种族问题"和阶级斗争联系起来分析。把"种族"关系看成压迫与被压迫的关系。哲学不仅要解释世界,还要改造世界。因而,社会科学家要善于发现重要的政治问题,集中精力进行研究并予以解决。奥利弗·考克斯(Oliver C. Cox)认为,"种族主义"是一种社会态度,是一种特殊的剥削形式的代名词。"种族主义"是资本主义发展的产物,是一种新的社会现象,因而它应当是解释对象而不是解释手段,即它是果而不是因。① 他指出,种族关系是劳动—资本—利润关系,因而也是无产阶级和资产阶级之间的关系、政治—阶级关系。② 考克斯不同意帕克的"种族关系"多元观点。在后者看来,种族差别既可以出现在不同人类群体对于生态资源的竞争中,出现在群体为维护其特权地位所表达的意识(即歧视)中,出现在本群体成员对于外群体成员的关系调适(即社会距离)中,也可以出现在人格差异(如社会边缘地位对于人格的影响)中,如此等等。考克斯指出,对于"种族关系"的把握只应当围绕一个中心,那就是种族差别形成和发展的历史事实。社会学家的概念模式要适应和捕捉研究客体,揭示促使其性质发生变化的主导原则。考克斯和帕克的方法论是不同的。帕克认为知识的增长取决于对证据的梳理,而规范的特定理论体系是用来作这种梳理的工具。考克斯则认为,知识有客观性,是在历史上形成的,它展现在那些没有阶级偏见的人们面前。考克斯认为,"种族关系"最终决定于阶级利益冲突,有关种族的信仰缺乏阶级的客观现实基础,它们导致对于社会时事的误读,推迟了工人阶级对于社会不公的挑战,种族对抗是阶级斗争的一部分,因为它是在资本主义制度中发展形成并作为这个制度的基本特征而存在的。因此,"种族"是一个政治概念。③ 也就是说,帕克认为"种族"问题是认知和知识的问题,而考克斯则认为是阶级利益的问题,它具有独立于认知的客观基础。同样也有人指出,物质上的被剥夺容易培养出族群意识,而族群正在取代阶级成为社会贫富分化的产物。④

---

① C. Cox Oliver, *Caste*, *Class and Race*: *A Study in Social Dynamics*, New York: Monthly Review Press, 1948.

② C. Cox Oliver, *Caste*, *Class and Race*: *A Study in Social Dynamics*, New York: Monthly Review Press, 1948. p. 336.

③ Banton, M., Racial Theories, pp. 149-152.

④ E. Ellis Cashmore, *Dictionary of Race and Ethnic Relations*, 2nd ed., London: Routledge, 1988, pp. 97-102.

二、中国"种族"观念的产生与发展

　　"种族"的现代用法固然来自西方,但是在东方国家也有自己的特点。在中国,"种族"观念最初与文化观念混言不分,即在汉语中古时不存在与前述英文相应的、独立的"种族"概念。首先,中国古代的哲学观和道德观以"我"为本,在"我"以外并且具有与"我"同样意识的他人是"人",人与我都是相同的族类;道德以"人我关系、物我关系为范围",①人类"种族"观念混沌不明。其次,古代中国的思维定式主要以围绕家族和宗法制度的人我观念为特色,倾向于"万物玄同""天人合一"的互渗式宏观思想。此外,古往今来,亚洲以外的族群(ethnic groups)成员较少与中国诸族大面积杂居,外部体质特征在"种族"层面上的差别,除了想象中的人兽混言,较少直观的根据。中国文化向来以崇尚教化为核心,以天下文明中心自居,并将此心态与领土和统治融为一体,故《诗经·北山》称"普天之下,莫非王土,率土之滨,莫非王臣。""天下"和"文化"的概念支配着整个中国历史。最后,中国没有经历欧洲式的文艺复兴和工业革命,没有形成建立资产阶级民族国家的社会条件,因而也就缺少那种和民族国家相应的族群话语。

---

① 焦国成:《中国古代人我关系论》,中国人民大学出版社1991年版,第11页。

"种族"观念的发展阶段

"种族"观念在中国的传播与近代列强犯华[①]、中外交流和西学东渐同步,一开始就是以政治、经济、文化和想象[②]等方面的不平等为前提的单向流动。根据冯容(F. Dikotter)研究,中国近代种族观念的发展大致可分为五个阶段[③]:

种族作为类型的阶段(1793—1895);

种族作为世系的阶段(1895—1903);

种族作为民族(nation)的阶段(1903—1915);

种族作为物种的阶段(1915—1949);

种族作为种子的阶段(1915—1949)。

第一阶段主要涉及 19 世纪种族观念的形成,始于 1793 年英国马戛尔尼(Macardney)使团对乾隆朝访问的失败。第二阶段以 1895 年中法战争为起点,在 19 世纪与 20 世纪之交的维新运动中出现了种族话语(racial discourse)。第三阶段始于梁启超借入西方的"民族"观念,"种族"观念随

---

① Dikotter 认为 19 世纪西方列强对中国构成军事和经济威胁,但这种威胁可能被夸大了(冯容:《近代中国之种族观念》,杨立华译,江苏人民出版社 1999 年版,第 32—33 页)。这个说法似可商榷。其实,以天下中心自居的中国,曾一度闭关锁国,皇帝仅因外国人不行叩首礼便不予朝见,后来被列强轻易击破国门,签订了一系列丧权辱国的不平等条约,举国震撼。西方国家不仅在军事和经济上对中国构成重大威胁,形成自上而下的心理压力,而且,由此衍生出的国民心态至今余音不绝。

② 历史上的政治、经济和文化的不平等,大大削弱了中国的想象力,被对方的想象所"入侵"成为外来霸权的"同谋"。

③ 作者分七个阶段,但第一阶段为近代以前"种族作为文化"期,我们留到后面讨论。第五阶段"种族作为物种(species)"与第六阶段"种族作为种子(seed)"在时间上重合,这里作同一阶段处理。作者的分期以发生在中国的事件为主线,以泛见于各种报刊和著作中的观点和描述为依据,且多出自官员学人,既未考虑地域文化对种族观念的影响,亦未考虑民间知识,这不能不是一个缺憾。

之发生变化。第四阶段和第五阶段主要涉及一些学者用人体测量学和优生学的观点和方法使种族观念具体化,始于新文化运动。然而,以上阶段划分并无硬性的根据。一方面由于英汉语义切分的差别,另一方面由于这个分类主要基于见诸文字的种族观念,仅限于少数"学绅",难免有局限性。再者,中国的"种族"观念一向与文化、血统乃至政治混言不分,单独讨论"种族"而放弃其他,就不能看清全貌。冯容的分类还有待完善。

综观中国近代历史,考虑"种族"观念嬗变的实情,中国"种族"观念的演进,似可分为"文化—想象"和"政治—命名"两个阶段,以及"文字—核心"和"口传—边缘"两个层面。

"文化—想象"阶段横跨中国古代至近代。此阶段的主要特征是以文化要素为轴心、以中华天下为范围的想象"种族"地理和"种族"形貌。如蔡元培所说,古代中国信奉人种的"天神感化",认为蛮、貉、羌、狄"乃犬、羊、狼、鹿之遗种,不可同群"。[①] 早期史乘所载远方之民多以兽旁虫符造字指称,不乏蔑视之意。古代中国的"种族"分类也相应于以制度和地理为基础的想象空间。有学者认为,西周初期的"中国"具有三层含义:首先,为天子所居之京师,"与四方诸侯相对举";其次,周灭商后,以居"天下之中"的洛阳为"中国",与远方各族对称;再次,"指夏、商、周三族融为一体的民族,以夏为族称,也包括夏人的文化"。[②] 这表现了以地理和文化合一的"中土"对应于"四方"的思维模式的源头。春秋时期,语言、习俗和礼仪等文化要素是区分族类的首要标准,《左传》所记"我诸戎饮食衣服不与华同""语言不达"的说法便是一例。又,《礼记·王制》:"五方之民,言语不通,嗜欲不同";《汉书·地理志下》:"是故五方杂厝,风俗不纯。"[③]古时"华夷之辨"的重要依据还有"礼"。言谈举止合于"礼"者为"华",否则为"夷","夷"与禽兽同。直到近代著名的三元里抗英时期,"义律"等辈还被称为"化外之顽徒",明示其于"礼仪之邦"不容。但是,此阶段的主流既

---

① 蔡元培:《蔡元培选集》,中华书局 1959 年版,第 3 页。
② 费孝通主编:《中华民族多元一体格局》,中央民族学院出版社 1999 年版,第 218 页。
③ 孔颖达疏:"五方之民谓中国与四夷也。"见《辞海·缩印本》,上海辞书出版社 1980 年版,第 30 页。

然是"文化"和"想象"的,那么其相应的族类划分就有很大弹性:华化的"夷蛮"便不成其为"夷蛮","被发左衽""断发文身"的"中夏"亦不成其为"中夏"。① 孔子奉"有教无类"的教育思想,在《论语·季氏》中说:"远人不服,则修文德以来之,既来之,则安之。"正是顺这样的思路才有了华夷互化的中国历史。

"政治—命名"阶段大致始于鸦片战争前后。此阶段的主要特征是以"华夷战事"为主线,以政治命名为手段,表现出强烈排外情绪的实用主义族群分类及其描写。近代中国的变法维新和洋务运动,尤其是鸦片战争和历次中外之战,使中国人较多地接触到外国人和他们的文化。一方面是在"亡国灭种"的危机感中许多人出国"习夷人之长技",以救亡振兴;另一方面是以"清季输入欧化之第一人"(梁启超语)严复为代表的学人译书办报,介绍西方的政治思想和学术观点,以开启民心,发愤避免亡种之灾。邹容将黄种人分为两支:一是"中国人种",包括汉人、藏人和其他一些族;一是"西伯利亚人种",包括蒙古人、通古斯人和突厥诸族。他们的共同敌人是"白色人种"。这是因为:地球上的黄白人种天生智慧尚武,他们在本质上不能互相礼让,自古就进行着力量与智慧的较量,自然选择和社会进步

孙中山像

起着决定性作用。② 与此相应,革命家孙中山的口号也由"驱除鞑虏,恢复中华"的口号转变为"三民主义"下的"五族共和",由反清政治转向反帝救国战略。

"文字—核心"层面指掌握文字资本、代表国体文化主流且控制或影响舆论取向的近代"学绅"和现代"精英"以及广义的"知识分子",利用知识、信息、媒介、声誉、地位等优势,对"种族"概念进行解释、变通和定义。他们在西方达尔文进化论的影响下,基于各自的知识结构和生活经

---

① 罗泌言:"《春秋》用夏变(于)夷者夷之,夷而进于中国则中国之。"见《路史·国名纪》。
② 邹容:《革命军》,大同书局1903年版。

历,得出不同的"种族"观念并通过文字固定下来。"戊戌六君子"之一谭嗣同继承传统上的族类贵贱之说,将世界划分成三个区域:中国、朝鲜、越南、缅甸以及中国的"西藏华夏"之国,为世界中心;日本、俄国、欧洲和北美为"夷狄之国";非洲、南美和澳大利亚为"禽兽之国",地位最低。唐才常著文鼓吹黄种与白种聪明、红种与黑种愚钝的"种族"观,并认为前者主、后者奴,前者聚、后者散。① 卫聚贤论证夏人是黄帝的直系后裔,以其深目隆鼻的体质特征而与雅利安人种有涉,为白种,血统纯正,其故地应在高加索;殷人系炎帝后裔,红种,血统混杂,原居巴蜀;白种夏人与红种殷人交合形成黄种的汉人。②

"口传—边缘"层面涉及民间"种族"知识和介于官方和民间的"边缘化"种族观。中国民间对"父精母血"极端重视,骨肉受于父母,死亦完尸。民间"种族"知识主要建筑在想象与传说之上。外国人被称为"鬼""红毛";外国人的白皮肤、红头发、深陷的蓝眼睛、高鼻子、络腮胡子和高个子使初次相见的中国人发生了误会。鸦片战争期间的文人汪仲洋描写英国人的长腿不能弯曲,因而也不能奔跑跳跃,"他们碧绿的眼睛畏怯阳光,甚至在中午不敢睁开"③。两江总督裕谦也说英国人不能弯腰屈腿,挨打便会倒下。

中国"种族"与"民族"（nationality④）观念的互渗

无论在英文还是在中文中,"种族"与"民族"都具有千丝万缕的联系。"种族"在英语词源上兼有动物种系和同宗人类群体的含义,"民族"则兼

---

① 唐才常:《觉颠冥斋内言》,文海出版社 1968 年版。
② 卫聚贤:《中国民族前途之史的观察》,载《前途》1933 年第 10 期。
③ 阿英编:《鸦片战争文学集》,古籍出版社 1957 年版,第 191 页。另见费正清、刘广京编《剑桥中国晚清史》下卷,中国社会科学院历史研究所编译室译,中国社会科学出版社 1993 年版,第 182 页。
④ 这里不用 nation 是出于对中国国情的考虑。中国的"民族"从概念上说,是"舶来品",从它被引入到"对号入座"或者"建构"主要涉及的是 nationality,而不是后来专指(民族)国家的 nation。

"种族""语言"和"文化"含义。①

贵州榕江县新华乡摆贝村的苗族人正在举行仪式的场景

　　"民族"概念正式传入中国,正值鸦片战争之后,西方列强瓜分势力范围,华夏面临精神上的"亡国灭种"之危。与此同时,中外信息流通在留学与出版的热潮中达到空前。仅1900年到1906年在日本的中国留学生人数已超过一万。② 严复译斯宾塞(H. Spencer)的《群学肄言》(*The Study of Sociology*)和赫胥黎的《天演论》(*Evolution and Ethics*),1902年上海编译局出版的《乐养斋丛刻》,1903年上海文明书局编印的《平民丛书》、上海通社编译的《通社丛书》、国民丛书总发行所出版的《国民丛书》等,将西方的民族主义和各种学科知识介绍到中国来。中国传统一向重视家族和文化礼仪,西方有关进化论和人种起源学说的传入,并不与之发生正面冲突。在早期中国学者的"民族"定义中,仍然以家族世系和文化礼仪为框架。蔡元培认为,"凡种族之别,一曰血液,二曰风习"③。柳亚子认为,"凡是血

---

① *Webster's Third New International Dictionary of the English Language*, Spring Field chusetts: G. & C. Merriam Company, Publishers, 1976.

② 冯客:《近代中国之种族观念》,杨立华译,江苏人民出版社1999年版,第100页。

③ 蔡元培:《蔡元培选集》,中华书局1959年版,第2页。

裔、风俗、言语同的,是同民族;血裔、风俗、言语不同
的,就是不同民族"①。也有人认为,"民族云者,人种
学上之用语也,其定义甚繁,今举所信者,曰:民族者
同气类之继续的人类团体也。兹所云气类,其条件有
六:一同血系(此最要件,然因移住婚姻,略减其例),
二同语言文字,三同住所(自然之地域),四同习惯,五
同宗教(近世宗教信仰自由,略减其例),六同精神体
质。此六者皆民族之要素也"。②

179

以上各个有关"民族"的定义都把血统或者体貌作为重要因素,兼及
语言文字、宗教、风俗等,反映了在中国传统上的定居农业和面对面交往的
模式下,家族与国体、血统与风俗、体貌与宗教的亲和性,表现了一种"移
情":用相对可知和"可验"的家族、血统和体貌来比附或者解释相对超我
和超群的国体、风俗和宗教。这些定义也反映了西方有关"种族"和"民
族"的渊源,其名实关系的演变,以及"民族"概念最初借入中国时的浑朴
笼统。民族与种族的混淆,如林耀华教授所言:"这是一个较大的错误,把
历史上的民族矛盾说成种族矛盾,把民族的不同说成血统的不同,从而混
淆了两个不同范畴的概念。与此相应的,把民族学误译为人种学,从而混
淆了两个不同范畴的学科。这些都是需要纠正的。"③固然,"民族"与血
缘并不一定有自然意义上的直接联系,但是,我们不能不注意到以下两点:
①一方面,"民族"在不同历史阶段和不同文化区有不同意义和所指;另一
方面,"民族"一词原不属于中国文化体系,它是在近代西方列强侵略中
国,迫使中国与外国被动交流的过程中借入的,其在中国原概念格局中的
定位需要一个实践和思辨的过程。此外,更重要的是,汉语的"民族"所对
译的英文词(且不提其他外文词)有多个,这些英文词在误读与误用中与
血缘有直接或者间接的关系。②血缘意识和先祖意识是"民族"自我意识

① 柳亚子:《民权主义、民族主义》,载《复报》1907 年第 9 期。
② 汪精卫(汪兆铭):《民族的国民》,载《民报》1905 年第 1—2 期。
③ 林耀华:《关于"民族"一词的使用和译名的问题》,载《历史研究》1963 年第 2 期。

的核心,它们虽然最初建立在血缘纽带上,并且与之并存了相当长的一段时间,但是到了后来,生物学意义上的血缘关系日趋松弛,甚至发生质变。"民族"产生和发展的历史,就是一部与外族多方面交流的历史。这样,血缘意识以及建立在血缘意识之上的先族意识越来越成为"民族"意识的主要内容,逐渐脱离原来生物学意义上的血缘纽带获得相对独立的地位。即使在现代的许多不发达民族中,血缘意识依旧强烈。不过,血缘并不等于血缘意识。原始土著常常通过某种仪式接纳外族成员,把本族的血缘意识或者拟制(想象)的血缘授予新加入者。在我国一些少数民族中,由于自然环境和社会环境的限制,氏族外婚遇到困难,人们采用"分姓"的方法来解决问题。这实际上是通过改变血缘意识的结构或者扩大拟制血缘的范围来解决人类再生产问题的一种途径。因此,在"民族"概念中,一定要分清血缘和血缘意识。

"民族"是在特定历史的人文和地理条件下形成,以共同的血缘意识和先祖意识为基础,从而在此基础上构拟以神话或者历史为核心,以共同的语言、风俗或者其他精神—物质象征要素为系统特征,以政治操作为手段,以家族本体为想象空间和以家族关系为象征结构的人们共同体。[①]

"种族"意识作为一种认知形式,起源于对"我群"和"他群"在家族血缘关系上的想象、实践和比较。既然家族关系可以通过象征、隐喻等人类的思维和能动的想象,将自己的象征结构投射到其他人类社会组织上,那么,毫不奇怪,源于不同家族血缘关系对照之上的"种族"意识,也会而且必然会投射到其他社会意识形态中,而后者也在影响甚至利用前者的过程中,与之结成互为因果的关系。家族血缘关系作为"种族"意识的最初基础,具有古朴风格:一方面,它所处的环境是面对面的社区结构;另一方面,也正是在这样一个"小世界"中,家族血缘关系是"可论证的",[②]因而是

---

① 这一段"民族"定义是本作者在 1990 年提出的定义的增补,参见纳日碧力戈:《民族与民族概念辨正》,载《民族研究》1990 年第 5 期;关于"民族国家"与家族的符号性关联,参见纳日碧力戈:《民族与民族概念再辨正》,载《民族研究》1995 年第 3 期。

② 指家族和社会成员可以直觉的,并非由于政治目的或者交易目的而认定的"家族血缘关系"。

"可操作的"。但需要指出的是，人们赖以追溯家族血统的族谱，并非家族成员生物关系的历史记录，而是我们现代人眼中的社会关系模型；社会人类学家并不关心人们之间"真正"的生物关系。① 家族血缘意识、家族血缘关系以及据信有家族血缘关系的家族成员行为，互相之间存在复杂的互动关系。仅就与家族血缘有约定俗成关系的亲属制度而言，至少可以划分出"类别"（categories）、"规则"（rules）和"行为"（behaviour）等三个层面。② 首先是人们据以对周围世界进行分类和概念化处理的类别体系，它在亲属制度上典型地表现为亲属称谓；其次是一系列用亲属称谓描述的行为准则；最后是基于概念化的类别体系、受行为规则制约的社会行为。类别体系不一定与行为准则相符合，例如在一些土著社会中，人们使用对称结构的亲属称谓，但他们的婚媾行为却没有相应的对称，反之亦然；人们在视类别体系为自然的同时，其行为准则却表达了他们的主观追求；人的社会行为也可进一步划分为总的"集体行为"（collective behaviour）和具体情况具体分析作具体解释的"个人行为"（individual behaviour）。其实，"种族"意识本身也可相应划分成"种族"概念、"种族"准则和"种族"行为等三个层次。"种族"概念是传统上对人类集团的分类，它主要是一种直觉的想象和民间知识，具有"公理"的权威；"种族"准则是人们在"种族"概念的基础上在一定时间和空间范围内的认知活动的具体结果，它对"种族"之间的关系进行规范；"种族"行为则是在"种族"概念的基础上，在"种族"准则制约下的具有"种族"意识的行为。"种族"概念与"种族"准则的不一致是明显的：尽管人们对以肤色划分的"人种"有着根深蒂固的偏见，但是他们的"种族"规则却并不受这种偏见的左右，而是具有特定的历史和环境特点，常常表现出实用主义的倾向。

家族血缘，或者毋宁说家族血缘神话和信仰，是"种族"和"民族"的

① Bamard Alan and Anthony Good, *Research Practices in the Study of Kinship*, London: Academic Press, 1984, p. 9.

② Needham, R., Terminology nd Alliance, II: Mapuche, Conclusion, Sociologus 18: 39-53; Prescription, Oceania, 42: 166-181; Barnard, Alan and Anthony Good, Research Practices in the Study of Kinship, pp. 12-13.

共同的渊源,因而它们不可避免地要发生互渗。其实无论是"种族"还是"民族",其划分都没有确定的科学依据,其中充满大量的中间或模糊的类型。此外,它们还是政治动员的有力工具,而政治目的本身又是阶段性的。"种族"和"民族"的典型特征经常是少数人的特征,即少数"精英"的特征。随着"精英"集团的扩大和缩小,"种族"和"民族"的特征也在变化,例如前面提到的中国国内各民族之间的关系和中外民族的关系:在"种族"与"民族"不分的情况下,国内诸族之间的关系既可以是"种族"的,也可以是"民族"的;在"种族"与"民族"有区别的时候,"种族"往往用来指称国外民族,"民族"往往用来指称国内民族。无可否认,现代"种族"和"民族"都是实用主义的产物,受利益和政治驱动。

"种族"观念和"民族"观念的互渗,是巫术与宗教互渗的遗留现象:巫术具有超神灵和被人干预的"科学概念"①,就像对人种的肤色的分类是基于科学概念一样;宗教是一种有组织的大众信仰系统,它以狂热的想象、周期性的仪式、节庆和付诸文字的经卷为存在形式,就像"民族"的存在同样依赖文字或口传的文化以及不断强调"民族"特征一样。总之,"种族"与"民族"的互渗归根结底是用具有文化培养和训练"社会人"的副产品。

自中国 20 世纪 50 年代的民族大调查以来,"民族"概念有了新发展,被赋予新内容。当时的民族学工作者和有关政府部门,主要基于斯大林的经济、语言、地域、文化—心理等"四要素"来进行民族识别,但并未完全照搬,而是结合国情、结合历史灵活变通。例如,对于满族的识别主要依据历史和"心理",对于蒙古族和达斡尔族的区别则主要依据语言,对于东部裕固和西部裕固的认同主要依据族源("血缘"),对于回族的识别则兼顾历史与宗教,等等。从总体上看,中国的 55 个少数民族主要体现在民族区域自治原则上的政治—文化体,而"中华民族"则主要是个政治概念和地域概念。至于"中华民族"是否也能够成为一个文化共同体,则主要取决于

---

① 詹·乔·弗雷泽:《金枝》(上),徐育新、汪培基、张泽石译,中国民间文艺出版社 1987 年版,第 75 页。

各民族文化融合、心理认同的程度。费孝通先生提出的"多元一体"①的说法,应当理解为"文化多元"与"政治一体""国土一体"。

中国的族群与民族

我们已经知道,在中国,无论是"族群"还是"民族"都是现代借入的概念。即便在西方,这两个概念也并非自古就有。目前意义上的"族群"和"民族"分别出现在20世纪和17世纪的欧洲。对于中国学术界来说,这两个概念的借入,涉及它们所指的含义和所指的客体,也涉及中国特殊的历史文化和政治运动,因此有必要作一个交代,以避免"误解""误读"和"误用"。

首先,英文"族群"(ethnic group)一词来自希腊语,含有"习惯""特点"等意义,在英语里表示具有语言、种族、文化和宗教特点的人们共同体;而英文"民族"(nation)一词来自拉丁语,表示"出生",在英语里表示拥有或者追求自己独立政府的地缘性人们共同体。但是,对于中华人民共和国国建立以来政府确认的56个民族来说,直到1994年其英文对译并没有用 ethnic group 或者 nation,而是用了 nationality 一词。这个词固然兼有"共同的起源""共同的语言"和"共同的文化"等共同体的意义,但是它主要的意义已经表示"国籍",在法律公文中更是明确无误。由于 nationality 在语义上具有和 nation 类似的"主权意义",具有提出独立建国的"合理性",目前中国的学者和官员对用它来翻译"56个民族"的"民族"大多持否定态度。近些年来,中国外交部和国家民族事务委员会,越来越多地用 ethnic group 来代替 nationality,尤其是国家民族事务委员会,已经把自己的英译名从 The State Nationality Affairs Commission 改成 The State Ethnic Affairs Commission。目前,从国内外政府和学术界的用法来看,"族群"越来越多地用来指称少数民族,"民族"越来越多地指称具有或者有资格具有国家地位的族群、多族群共同体或者人们共同体。简单说来,如果不考虑

---

① 费孝通主编:《中华民族多元一体格局》,中央民族学院出版社1999年版。

汉语中"族群"和"民族"所指的混乱或者不精确,从本质上说,"族群"是情感—文化共同体,而"民族"则是情感—政治共同体。

但是,"族群"或者"民族"的外文译法,显然不单是一个用什么样的符号来表达的问题,还要考虑和译名有关的特殊的社会、文化和历史背景。

中国历史上恐怕不曾有过一个和 nation、nationality 对应的"民族"实体,也没有对应的概念。综观中国历史,沧海桑田,但始终存在一个以"文"和"种"取人的主流。"同文同种"是一个重要的内聚和外斥的力量,有所谓"夷狄华化"和"华夷之辨"的话语及操作为证。所以,自中国近代借入 nation 等词之后,存在一个建构相关概念(归类、归位、正名、辨义)和相关实体的过程,可以说这个过程迄今还没有完成。至于 ethnic group 和 ethnicity 的概念,它们以"族群"的译法进入中国大陆还主要是受到港台学者的影响,它超乎寻常的弹性,显然还不能和中国 56 个民族或者 55 个少数民族相对应。举例来说,社会文化人类学界通常把同属汉族的广府人、潮汕人和客家人看成不同的族群,同此道理,同属蒙古族的科尔沁人、察哈尔人、卫拉特人、土默特人,也就照例成为不同的族群了。这样,如果我们按照有些学者和官员的做法,把 ethnic group 翻译成"民族",而不是"族群",就会出现中国的民族数量大大超过 56 个的情况,这 56 个民族的合法性就要受到质疑,20 世纪 50~60 年代"民族识别"的既定事实就要受到商榷。但是,nationality 这个词的现代用法,确实越来越倾向于表示"国籍",并且隐含着主权问题,不大好用。怎么办?国外有的学者提出使用汉语拼音 Minzu 来表示"民族",因为它是特定时代的产物,具有许多不可译的社会和文化含义。然而,这样的用法似乎又不能一下子被人们接受,尤其是它不符合人们的语言习惯。尽管我们可以用文件的形式来规定,用行政命令强迫执行,但语言具有自己的内部规律,约定俗成,诉诸权威,实不可行、不可取。中国的"民族"一词在翻译的时候,有一个潜在的"表述"危机。

"民族"被翻译成 nationality,有它特定的历史背景。20 世纪 50~60 年代是中国少数民族识别工作的关键时期,当时政府虽然没有照搬斯大林关于民族的四个标准①,但这四个标准毕竟起到了参考作用。当时中国的民族识别工作参照的主要是苏联的民族理论和实践,苏联的民族工作经验对于中国产生了非常大的影响。恩格斯在《家庭、私有制和国家的起源》一书中提出从氏族到部落、国家的社会发展阶段,而真正使这个发展序列模式化并给予严格定义的是斯大林。在斯大林时代的苏联,由 39 个社会主义 нация(加盟共和国或"民族")和 48 个社会主义 народность(部族),统称 национальность 或 народ。② 但当时也有问题,就是各个族群不平等的问题:有的族群称为"民族",有的称为"部族"。后来,还增加了"资本主义的部族"的说法,而根据斯大林原来的定义,народность 本属于前资本主义的奴隶时代或者封建时代的人们共同体。但是,按照列宁和斯大林的理论和实践,社会主义可以在那些资本主义不发达的帝国主义薄弱环节发动革命,在革命成功之后,那些原来处于奴隶社会或者封建社会的人们共同体也就可以飞跃进入社会主义阶段。即使如此,苏联仍然保留了"民族"和"部族"的差别。一个"部族"要成为"民族",就要满足一些必要条件,其中包括:有自己的成熟的文学语言,具有自己的工人阶级队伍,有国家级的艺术家,等等。在苏联东欧发生剧变之后,俄罗斯政府更多采用 народ 和 этнос 来泛指各个族群,而把"民族"的遗产留给了中国。需要特别指出的是,斯大林的"民族"四要素,是针对 нация 而言的,与 народность 无关。

在中国,英文的 nation 一词通常用来翻译"中华民族"③,而 народность 则译成"民族"而不是"部族",其英文对译是 nationality。中国政府强调名称平等,不搞苏联式的根据"社会发展阶段"来规定哪些是"民族",哪些是"部族",而是一律称为"民族"。此外,在民主主义革命胜利初

---

① 斯大林在《马克思主义和民族问题》中指出:"民族是人们在历史上形成的一个有共同语言、共同地域、公共经济生活以及表现在公共文化上的共同心理素质的稳定的共同体。"见中共中央马克思恩格斯列宁斯大林著作编译局编译《斯大林选集》(上),人民出版社 1979 年版,第 64 页。

② 李毅夫先生在中国社会科学院民族研究所、中国世界民族学会、《世界民族》编辑部联合主办的"'民族'概念暨相关理论问题(专题讨论会)"上的发言,北京,1998。

③ 还有一种说法是"中华各民族",这时的英文译法应当是 Chinese Nationalities。

期,中国共产党考虑给少数民族更多的政治权利,其中包括分离权,甚至还考虑过联邦制。

　　不过,从历史和不同地区的情况考察,族群和民族互相依存、互相渗透、互相取代的例子也不在少数,原因涉及具体历史条件、人们对这些历史条件的认识和解释、国家和政府的战略考虑、有关的概念体系对人们行为的影响等。学者们一致同意,国际上通用的"民族"一词所指的实体,是17世纪欧洲资产阶级工业革命以后产生的,是资本主义战胜封建主义、工业取代农业成为生产力主流的结果,是"一个民族一个国家"的追求。工业革命之后,随着生产力的提高,生产部门和流通领域需要有一支拥有"人身自由"、受过标准教育的劳动大军,而这样一支劳动大军在画地为牢的封建制度下是不可能产生的。民族自它出现之日起,就和阶级利益、政治和经济利益、剥削、压迫互相联系,服从国家主权、领土完整等"内部原则"。

　　值得注意的是,中国的民族理论界过去曾流行"民族斗争说到底,是阶级斗争问题"的说法,这主要是没有分清马克思主义民族理论的所指是nation 而不是 ethnic group,没有注意到中国"大一统"的历史主流和中国本无"民族"的国情。当然,一方面国内和国外学术界对"族群""民族"的用法有差异,另一方面国内学者对它们的理解、解释和使用也不尽相同,有时差别甚大。如上所述,港台学者和大陆的一些学者,把像"广府文化""潮汕文化"和"客家文化"这样的文化理解为族群文化,而与此同时国家民委已经把自己的英译名改为 The State Ethnic Affairs Commission,因此,ethnic group 在中国就有了两种意义:一是指"族群",一是指"民族"(nationality)。如果把 ethnic group 严格地理解为学术意义上的"族群"(就像我们在本书中使用的这样),那么,中国就不是仅仅由 56 个族群和那些"待识别"族群组成的了。然而,这和国家民委在 nationality 意义上使用的 ethnic group 不一致,因为按照政府行政格局和《中华人民共和国民族区域自治法》的宗旨,迄今国家承认的民族或者民族意义的族群(少数民族)是 55个,而不是比这个更多。因此,无论是"族群"还是"民族",它们的定义除了学术界习惯以外,还涉及政府部门的具体操作和有关历史背景。中国的民族(族群)定义离不开 20 世纪 50 年代以来的"民族大调查"和 30 年代开始有雏形、40 年代以后成熟起来的民族区域自治政策及其实施。也就是说,它是在实践中定义的。此外,中国的"民族",主要是少数民族,其识别和确定与国家的民族优惠政策和少数民族自治地方的设置以及他们的自治权利紧紧联系在一起。可以说没有国家的少数民族优惠政策,没有少数民族自治地方的设置,没有他们对自己自治权利的行使,就没有 55 个少数民族的分类,这与其他许多国家显著不同。

在 20 世纪 50 年代初期,中国共产党和中央人民政府为了了解中国少数民族的情况,通过有关部门组织一批专家学者,配合少数民族识别工作,对他们的历史、语言、社会形态、文化艺术、生活习俗等,进行了综合调查。中国的 55 个少数民族就是在这个综合调查的基础上逐渐确认的。20 世纪 80 年代以来,中国的民族研究工作者又深入民族地区对那里的新情况和新问题进行了多方面调查,其中 1984 至 1986 年中国社会科学院完成了重点项目《南方部分地区的少数民族语言使用情况》和《中国少数民族语言使用情况和文字问题调查研究》。1991 年国家民委政策研究室主持了边疆地区"社会发展与稳定"民族调查。1993 年,中国社会科学院将《中国少数民族现状与发展调查》列为"八五"规划重点项目,责成民族研究所组织实施,该所先后组织 10 个调查组,分赴四川、贵州、西藏、新疆、辽宁、内蒙古、广西、云南等 10 个省区进行调查。这个大调查仍然是按照 55 个少数民族的格局来设计和实施,再次肯定了 56 个民族的分类。民族大调查和大调查搜集来的资料以及有关研究,成为中国各少数民族定义的重要基础。中国少数民族的定义还涉及政府制定和实施的民族区域自治政策。1984 年 5 月 31 日第六届全国人民代表大会第二次会议通过的《中华人民共和国民族区域自治法》,系统地对中国少数民族的自治地位用法律形式作了进一步确认。

尽管有这些复杂、特殊的情况,我们在学术讨论时,仍应当遵循术语规范。在本书中,英文的 ethnic group、ethnos 对译为族群,nation、nationality 对译为民族。前者表示文化和情感共同体,后者主要表示政治和情感共同体。

在中国,仅举语言为例,族群的边界和民族边界很少能够一致。根据学界的看法,中国的少数民族语言有 120 种左右,分属汉藏、阿尔泰、南岛、南亚、印欧等 5 个语系。在 55 个少数民族中,除了回族使用汉语,满族基本上专用汉语以外,其他各族都有自己的语言;同时,有些民族使用两种或者两种以上的语言,各民族中也有数量不等的成员转用了其他民族的语言。[①] 也就是说,语言的数量和民族的数量不一致,民族语言和一部分民族成员所使用的语言在族属上也不一致。在中国的 55 个少数民族中使用种个或者两种以上本民族语言的有藏、门巴、景颇、怒、珞巴、瑶、裕固等民族,他们使用语言的情况是:

(1)藏族有 94% 的人使用藏语,10.5 万人左右使用嘉戎语,4.1 万人使用羌语,2.6 万人使用普米语。

(2)门巴族有 3.1 万人使用错那门巴语,约 5100 人使用仓洛门巴语。

(3)景颇族有 2.3 万人(24.7%)使用属于藏缅语族景颇语支的景颇语,5.9 万人(63.4%)使用属于藏缅语族缅语支的载瓦语。

(4)怒族自称阿努的支系中有 5700 人使用独龙语;居住在福贡县的 6100 人原来使用属于景颇语支的阿侬语,现在有 90% 的人转用傈僳语;自称怒苏的 8000 人使用属于藏缅语族彝语支的怒苏语;自称柔若的 2500 人使用属于彝语支的柔若语。

(5)珞巴族使用藏缅语族的崩尼—博嘎尔珞巴语、义都珞巴语和苏龙珞巴语。

(6)瑶族约 69 万人使用苗瑶语族瑶语支的勉语,约 31 万人使用苗瑶语族苗语支的布努语,约 8000 人使用壮侗语族侗水语支的拉珈语。

(7)高山族由 13 种不同自称的人组成:泰耶尔、阿眉斯、排湾、布农、鲁凯、邹、卑南、萨斯特、赛德、沙阿鲁阿、卡那卡那布、邵、耶眉。他们各有自己的语言。[②]

---

① 中国社会科学院民族研究所、国家民族事务委员会文化宣传司主编:《中国少数民族语言使用情况》,中国藏学出版社 1994 年版,第 2 页。

② 中国社会科学院民族研究所、国家民族事务委员会文化宣传司主编:《中国少数民族语言使用情况》,中国藏学出版社 1994 年版,第 6—7 页。

目前中国少数民族使用双语的情况也越来越普遍，汉语已经成为各民族最常用的族际交流语言。除了语言，中国少数民族内部的地区差别也不容忽视。他们内部的地区差别，有时超过了他们作为整体与其他某些民族的差别。正如人类学家萨丕尔所说，在种族、语言和文化之间，不存在一条平行线。①

中国在过去长期关起门来搞社会主义，内部各种运动不断，对外先是反帝，后是反帝反修。高度的中央集权使国内的民族工作雷厉风行，不存在合法性与合理性的问题，民族的定义具有那个时代的烙印。20世纪70年代中国加入联合国，随着中国加入国际人权公约，少数民族权利成为国际事务。族群和民族概念要在国际视野中重新定位，要在国际交流和国际对话中重新定义，要考虑国家主权和具体国情，在不断协商和谈判中发现和解决问题。正是在这样的大背景下，"民族"和"族群"的译名问题成为带有政治意义的课题。

中国的56个民族的"民族"是个比较特殊的概念，需要考虑"民族"一词的来龙去脉，既要考虑这个概念的原来的意义和后来的演变，还要考虑中国的历史和具体的国情。中国的"民族"和中国的近现代革命史，和中国的对外关系及其在国际共产主义运动中的角色变化，都有密不可分的联系。仅从译名的角度考虑，中国的"民族"（指少数民族的"民族"）还缺少一个贴切的英文对译，还需继续探讨、不断对话，在较长一段时间的应用与修正中，逐渐"碰撞"出一个多数人接受的译名来，以方便国际交流。

---

① 爱德华·萨丕尔：《语言论——言语研究导论》，陆卓元译，商务印书馆1985年版，第187页。

三、族群的解释

族群问题并不是一个单纯的理论问题,而是一个兼涉理论、实践、历史、认知、情感、信仰和文化结构的问题。在中国,族群的概念与民族识别、改革开放以及现代化过程密切相关。由于族群涉及历史和现状的方方面面,所以它具有不确定性,属于一种"流动"符号,不断在本土化、国际化过程中重新得到定义。同时,我们要再次强调,与族群密切相关的"民族"是在家族观念和家族象征资本的基础上形成的超族群政治—文化体。

国民性、族群性和其他

民族国家的构建(nation-building)是世界现代化的一个重要组成部分。民族国家要求打破地区和族群的界限,在统一的政治格局和领土主权之下,建立匀质的经济、市场、语言以及以国家象征符号为中心的文化模式。这是一个以国民性(citizenship)代替族群性(ethnicity)、以个体自觉代替群体盲动、以自由选择超越强制归属的过程。然而,民族国家的构建充满了复杂的矛盾冲突,因为这种构建必然要继承历史,动员早已具有特定族群身份的民众,运用或者制造不可避免地带有某个族群特征的象征符号,以某个族群为主的知识体系和认知模式来重新划定社会界限,开发和利用经济、人口、政治、社会、历史、感情和符号的资源。民族国家的构建绝非白手起家,而是特定遗产的继承,也就是说它有历史性。有的学者认为,民族国家内部的族际冲突,导源于民族国家构建和族体发展之间的矛盾过程。① 这就把民族国家看成了独立于族群、由一帮"无族籍者"倡议的想象物,而这种想象物的构建与族体发展之间的矛盾过程,导致了国内族际冲突。不过,这个论题似有进一步推敲的必要。事实上,民族和民族国家的构建,本身是一个各族群由于历史和社会原因,在国家政治和领土格局内,在政治、经济以及诸多社会资本和符号资本的分配方面,发生矛盾、存在差异、间有冲突的过程。这接近马克思主义经典作家提到的"族群间存在事实上不平等"的说法。自从族群出现以来,几乎每一个人都要有"族籍"(没有族籍也是一种"族籍",即分类上的"无族籍者"),每一个人都会自觉不自觉地戴上族籍的眼镜,观察和解释周围的世界,为自己和自己的群体谋取利益。17 世纪欧洲资产阶级革命以来的"民族"就是族群政治化的产物,和主权、经济、地缘、文明、公民权等观念密切相关,是族群在空间和时间上的扩展和延伸。在欧洲资产阶级革命中产生或者创造的民族,与现代国家的想象和构建联系在一起,民族性与国民性成为互相对立统一的范畴,群体性向民族性的转型,也表现为向国民性的转型。固然,国民性具有个人自觉,个人自主,个人向法律负责、向国家负责等寓意,但是,这种国民性的定义不可避免地反映了某个占有资源优势的族群的主导意识。美国可以算是一个比较发达的民族国家了,但它的文化主流显然来自英语族群。族群文化差异,使美国黑人在内战期间对白人和主要是白人的国家表现出矛盾心态:"同一个奴隶,其行为时常是极为自相矛盾的:他会把自己受伤的主人从战场上背回来,藏在安全地方,然后自己向相反的方向拔腿逃跑,参加联邦军队去了。"② 奴隶对于主人的忠诚,不能代替他的族群意

① 宁骚:《论民族冲突的根源》,载《中国社会科学季刊》1995 年夏季卷。
② 转引自托马斯·索威尔:《美国种族简史》,沈宗美译,南京大学出版社 1993 年版,第250 页。

识。20 世纪 20 年代，在南非因矿主雇佣廉价黑人劳动力取代白人矿工，爆发了由后者发动的"兰德叛乱"(the Rand Rebellion)，政府动用了飞机坦克，冲突中有 200 多人丧生，数百人受伤。南非白人左派团体为了支持白人矿工，把《共产党宣言》的名言修改为"全世界的工人团结起来，为白人的南非而斗争"。① 在一个国家里，国家英雄当然也是某一个族群的英雄；一个族群的英雄也常常会升格为国家英雄，其中也不乏由此导致的族群之间的争议，例如苏联时期蒙古人民共和国对成吉思汗的贬抑，中国一些少数民族对诸葛亮、岳飞等历史人物的不同说法。这些例子都说明国民性与族群性的水乳交融的关系：在所谓国民性的背后，总会出现族群的影子，因为我们的言和行最终是族群的言和行，我们评判别人和自己的时候，用的是本族群的话语和价值观。

虽然有观点认为，权利应看作是人类与生俱来的定制，和他们所属的文化群体无关，因而提少数民族权利或者多数民族权利是错误的。② 虽然也有人争辩说，民族优惠政策把历史错误及其补偿看作是可以继承的，让后代为祖先的罪行负责，因而是不可取的：为什么让无辜的一代赔偿那些未受伤害的一代？③ 但是，必须承认，在人们日常生活中毕竟存在着自愿性(voluntary)和归属性(ascriptive)的社会关系和权力网络。④ 族群，甚至

---

① Nelson, Harold D. , ed. , *Shouth Africa*: *A Country Study*, Washington: U. S. Government Printing Office, 1981, P. 36, from Sowell, Thomas, *Preferential Policies*, Ch. 2, No. 13, New York: William Morrow and Company, Inc. , 1990.

② 康诺尔·奥布赖恩(Dr. Conor Cruise O'Brien) 的演讲，参见 Gerard, Chaliand, ed. , *Minority Peoples In the Age of Nation-States*, trans. Tony Berrett, London: Pluto Press, Foreword by Nen Whitaker, 1989。

③ Sowell, Thomas, Preferential Policies, Ch. 2, No. 13, New York: William Morrow and Compony, Inc. , 1990. 148-149.

④ 孔飞力(Kuhn, Philip, *Rebellion and Its Enemy in Late Imperial China*, *Militarization and Social Structure*, Cambridge: Harvard University Press, 1980) 和杜赞奇(Prasenjit Duara)(《文化、权力与国家——1900~1942 年的华北农村》，王福明译，江苏人民出版社 1996 年版)用这两个概念来做中国乡村社会分析。自愿性的社会关系和权力网络，指诸如婚姻关系、市场关系和各种个人间交往关系一类，可自由选择的社会关系和权力网络；归属性的社会关系和权力网络，指血缘关系和地缘关系一类，人们一旦进入就无法选择的关系和网络。参见刘昶：《华北村庄与国家》，载《二十一世纪》1994 年第 12 期。

贵州榕江县新华乡摆贝村的"苗王墓",其外形是一个"官帽"的形状

民族,主要表现为一种归属性的社会关系和权力网络:一个人的家庭关系、族属、语言、认知模式、文化环境等,都在他出生之前就已经决定,没有选择余地。正是这样一种没有选择余地的社会条件,是由那些"无辜者"的祖先通过他们的实践或者历史活动创造的。与现代主要源自西方的法律相反,历史看重的是社会群体及其代表性人物,而非广泛的个体。族属性、血缘性(哪怕是拟制的)、文化性、地缘性等,是个体属性的社会部分,个体难以逾越。与其说后一代继承了前一代或者前几代人的历史错误及其补偿,倒不如说前者继承了后者的记忆,利用后者提供的各种社会资源(权力、文化优势、经济优势、政治优势、人口优势等)获得、增加和保持自身的利益。社会记忆超越个人的生物局限,以完整而充满变异的书面或者口头形式传承下来,前因后果、谁是谁非,皆有交代。民间仪式、舞蹈、戏剧、电影等演出形式,把过去的某种记忆加以再现,成为"身体社会记忆"(bodily social memory)。① 当然,我们并非因为有共同记忆而加以启用,而是因为我们作为同一个群体对这些记忆感兴趣,而且能够唤起它们,使这些社会

---

① Paul Connerton, *How Societies Remember*, Cambridge: Cambridge University Press, 1989, pp. 70-71.

记忆汇集在我们的头脑中。[1] 就是说,我们的社会记忆是有选择的、主观的,有时甚至是杜撰的。在非洲的杰人(Jie)族群中,为了增强现有人群的凝聚力并加以合理解释,同一家庭的两代人对族谱的记忆有差异,例如:父亲记忆中的家族远亲,在儿子的记忆中由于忘记了一些祖先而成为近亲,"因为当时这位亲戚与这儿子的家庭在同一游牧单位中,他们彼此皆认为他们'应该'是近亲",这是一种"结构性失忆(structural amnesia)。[2] 在"前逻辑思维"中,记忆准确而富于情感,通过大量的细节来再现复杂的集体表象,并且,总是保持这样一种先后次序。在这种次序中,集体表象以神秘的关系彼此关联,形成传统,体现为本质特征。[3] 在"现代"人们的族群观中,恐怕也深藏着这样的前逻辑思维。我们无法摆脱历史对我们的纠缠,每时每刻都有历史继承性,同时本身也成为历史的一部分。

巴布亚新几内亚的高山狩猎部落的表演。其身上的土色是为了迷惑猎物

由此看来,在社会记忆选择之下,族群、民族、民族国家在自我构建、自我发展的过程中,一定会把社会记忆的连续性按照某种特定的价值,附加在人类生物和生命的传承性上。重要的是规则,而不是游戏。在这个意义上,前人的过错和过失,按历史规则要由后人继承并加以补偿。这可以用语言学家索绪尔有关下棋规则和棋子的比喻说明:

194

① Paul Connerton, *How Societies Remember*, Cambridge: Cambridge University Press, 1989, p. 37.

② Gulliver P. H., *The Family Herds: A Study of Two Pastoral Tribes in East Africa the Jie and Turkana*, London: Routledge & Kegan Paul Ltd., 1955. 参见王明珂:《过去、集体记忆与族群认同:台湾的族群经验》,载台湾"中央研究院"近代史研究所编:《认同与国家》,"中央研究院"近代史研究所 1994 年版。

③ 列维-布留尔:《原始思维》,丁由译,商务印书馆 1987 年版,第 104 页。

价值首先决定于规则，下棋规则在下棋前就存在，在下棋后也存在；一枚卒子的意义不在于它本身，而在于它在棋盘上的位置和其他下棋条件，在于下棋规则；假如这个棋子坏了或者丢了，我们可以换上另外一枚甚至外形相异的棋子，"只要我们授以相同的价值，照样可以宣布它是同一个东西"。①

信息与商品的全球流通：族群和族群文化的客体化

我们这个世界正在变成一个巨大的互联网络，市场经济把各种名目繁多的商品纳入全球流通的轨道。然而，信息的流通需要借助某种语言技术，商品也要通过某种文化渠道进入流通，无论是语言技术、传统方式还是文化渠道，都深深地烙上了族群的印记。操作者的基本生存空间主要是族群的文化空间，在这个空间里容纳了他的母语、群体价值观、礼仪等现实不能决定的文化要素，他在这些文化要素的熏陶下，在作为这些文化要素承担者的前辈们的教育下长大成人，完成了社会化过程。作为操作者，不管在后来的经验中如何发生变化，他都始终保持了主要的族群特征，并且把这些族群特征印刻在自己的种种"产品"（包括信息和商品在内）之上。因此，在这样的信息与商品的全球流通当中，族群不仅没有被吞没，反而成为附加在信息和商品上的公认观念，成为客体化的对象。族群体现在信息和商品上的特征，一旦具有了国家的形式，得到国家权威乃至国家暴力的支持，那它们就获得了现代合法性。②

新的媒体技术加速了复制和传播的速度，使族群的形象、物件、行为等，借助信息和商品的形式在全球流通。在这样的信息和商品流通中，民族国家以非垄断方式，通过文化的出售和消费，实现客体化（objectifica-

---

① 费尔迪南·德·索绪尔：《普通语言学教程》，高名凯译，商务印书馆1980年版，第128、155—156页。

② 国家不仅要对国民个人负责，还要对体现在某种或者某些文化上的族群性负责，例如充满族群特点的"国宝""国家文物"等作为国家重点保护的对象，就直接或者间接地体现了族群性。国家毕竟不是一个基本的文化单位，它不能代替族群的文化功能。

tion），成为与国家政治主体相对的民间存在形式。作为中国首都，北京丰富的旅游资源每年都吸引着大量中外游客，在不断创汇的同时，对国人宣传首都文化，增强国家意识，让外宾能"从不同侧面、不同层次了解中华民族的历史和现状，了解新中国的发展变化"。[①] 故宫博物院、颐和园、八达岭长城、定陵地下宫殿、天坛公园、北海公园等国际性的旅游景点，看文艺节目、开联欢座谈、包饺子、逛四合院、访小胡同、赶地坛庙会、赏元宵灯会、外国人唱中国歌等活动，全聚德烤鸭、东来顺涮羊肉、听鹂馆宫廷菜点、文房四宝、金石篆刻、古玩字画等地方风味和文化品，都是具有民族国家客体化功能的商品、公共商品或者"集体所有的商品"（collectively owned commodities）。1996 年 3 月 17 日美国拉斯维加斯举行的泰森对布鲁诺世界重量级拳王战上，代表美国、右臂刺有中国已故主席毛泽东像、左臂刺有穆罕默德像的黑人拳手泰森，在第三轮中用一组漂亮的组合拳，击倒了代表英国的布鲁诺，得到了三千万美金的奖金。在开赛之前，先奏英国国歌、升英国国旗，然后由美国歌手唱美国国歌、升美国国旗。信息、商品、国家形象，在这场比赛里得到充分展示，进一步客体化。

现代信息媒体的代表，如电视、广播、报纸和录像，把处于不同社会地位、属于不同社会类别的人，放到同一个商业文化的氛围中，面对民族国家具体的生活方式，产生或者至少是肢体上默许的认同。就像天天早晨在公园里打太极拳的老人们，天天午休期间在办公室打扑克的职员们，他们在同一时间、地点，以类似的身体活动和身体语言，按照共同遵守的行为规则，构建了一个"小王国"。在同一时间、同一地点按照一定的规则行事，"集体节奏"（collective rhythms）把人们的活动置于共同的分类体系中，使他们的主观世界和客观世界整合（doxa）。[②] 视现存文化和制度为自然，并把这种认同"融化在血液中，落实在行动上"——这就是所谓的"社会习

---

①　《当代中国的北京》编辑委员会：《当代中国的北京》（上册），中国社会科学出版社 1989 年版，第 659 页。

②　Bourdieu, Pierre, *Outline of a Theory of Practice*, trans. Richard Nice, Cambridge：Cambridge University Press, 1977.

性"（habitus）①。信息与商品的全球流通，不仅强化了由这样的社会习性造成的社会现实，也强化了这样的社会习性本身。民族是历史产物，但这还不够；民族不仅是历史产物，还是人们社会习性的产物。升国旗、唱国歌、外国首脑来访的新闻、在美国唐人街上的舞狮活动、第九届亚运会纪念币在国际上的流通、世界华人之春音乐会等，都试图证明中国形成民族国家的合理和自然。

建筑也加入了信息和商品的全球流通。任何建筑都处在一定的国界内；任何与之发生联系的事件、记忆、象征等，都具有自然归属性，都具有"边界"。位于北京城中央的天安门广场，是中华人民共和国的象征。广场上矗立的人民英雄纪念碑和毛主席纪念堂，记录了中国近现代史；东侧的中国革命历史博物馆，长期展出中国历史与革命文物史迹。天安门广场西侧的人民大会堂规模宏大，建筑面积 17 万平方米，比明、清两代的皇宫总建筑面积还大。已经有 500 多年历史的天安门城楼，是国家领导人举行国典，检阅陆、海、空三军和群众游行队伍的地方，也是中国各

族服饰成了旅游项目。图为外国姑娘试穿苗族服装

① Bourdieu, Pierre, *Outline of a Theory of Practice*, trans. Richard Nice, Cambridge：Cambridge University Press, 1977.

民族、各界代表和华侨、港澳台胞以及外宾观礼的地方。天安门广场建筑群接纳着大量来自世界各地的宾客,他们通过参观、旅游、消费,在这样一个充满象征意义的地方,在获得异乡信息的同时,也把从本国带来的信息留在这里。他们购买纪念品,品尝地方风味,以跨越空间的旅游活动突出了中国作为一个国度的客体性。中国作为一个有 56 个正式民族的独立国家,不仅要在政府、军事、外交等方面体现以汉族为主题的族群文化,而且也要在作为国家政治中心的天安门广场及其周围发生的信息和商品流通中加以体现。护照、签证、海关使国际参观、旅游、消费更加通畅,从而使信息流通,在无形中把自觉的国家主权,变成了自在的国家主权,把族群文化和国家联系起来,使之成为理所当然的事情。

博物馆不仅在时间上沟通了历史,沟通了生者与死者,使时光倒流、日月停滞,而且在空间上联通了全球:它们通过接纳成千上万国内外观众,传达有关人、社会、国家的"定位"信息,并由此划定民族国家主权、国土、族群文化、族群认知模式、政治和经济格局的界限,规劝人们遵纪守法、明辨是非、讲究道德。族群文化和国家政治及国家暴力发生结合,狐假虎威,成为普适性话语。族群属性,尤其是族群的价值观,被淹没在一片阶级压迫和政治暴力的喧声之中。福柯(M. Foucault)把疯人院、诊所和监狱看作是权力和知识关系的制度表达(institutional articulations)。①道格拉斯·克林普(Douglas Crimp)又探讨了博物馆和艺术史作为补充。② 在 18 世纪以前的法国,作为刑法艺术,遭受酷刑的罪犯在众目睽睽之下被送上断头台,让他本人和观众领略君王的至上权威,使君权神授的信息又一次在广阔的空间流通,并以社会记忆的形式在时间上延伸,城市就像一座惩罚剧院:在城市上空架一个铁笼,内置一个罪大恶极的犯人,长期展示,用以规训社会。

---

① Madness and Civilization, London, 1971;刘北成、杨远婴译:《疯癫与文明》,台湾桂冠图书公司,1992;The Birth of Clinic: An Archaeology of Medical Perception, trans. Sheridan Smith, A. M., New York:Pantheon, 1973;Discipline and Punish: The Birth or the Prison, trans. Sheridan, A., London:Allen Lane, 1977。

② In the Museum of Ruins, Foster, Hal, ed., The Anti-Aesthetic: Essays on Postmodern Culture, Washington, D. C.: Bay Press, 1985.

到 19 世纪下半叶,随着资本主义的发展,时间既被用于计算劳动成果,也被用来计量处罚的程度:以包围在高墙之中的层级化建筑群为特征的监狱制度,代替了公开行刑和展示的刑法制度。① 博物馆使族群文化披上了国家的合法外衣。以博物馆为代表的展览制度,则经历了一个相反的发展过程。原来仅限于少数人参观的封闭的私人展览设施,现在成为公共的或者国家的博物馆或者展览馆,成为权力和知识的象征。博物馆行使着规定展品时空顺序的权力,把展品的排列组合转换成为文化模式的一部分,让人们成为知识的主体而非客体,培养起社会自觉性。博物馆的陈列内容,少不了一个族群、一个国家从无到有的发展历史,这个族群和国家的历史还常常追溯到史前时代甚至远古;各种展品按照一定的分类规则陈列在各个展厅和展区:各族群按照一定的指导思想排列,"原始文化"的展区必然要有别于现代文明的展区。博物馆就是一部社会史、思想史,是一个表达阶级意识和阶层观念的场所。博物馆往往位于城市中心,像大型商场那样建

① M. Foucault, Discipline and Punish, pp. 115-116.

有宽大的廊台,由此可以俯瞰整个建筑的格局以及来来往往的观众。置身于博物馆的高大展厅,面对按照特定历史规则和权力意志排列的各种展品,观众既是参观者,也是被参观者。特定的社会制度在监狱制度和展览制度中,以不同的方式规定着人们的视线应当投向哪里、不应当投向哪里,应当看到什么、不应当看到什么。这是一种规训的"景观体系"(system of looks)。在监狱里,囚犯只能外视不能内视,他只能是被监视者。在博物馆里,观众和展品的角色可以互换:他观察别人,别人也观察他。博物馆和监狱象征着统治者和统治制度规劝和强制的治理方式:博物馆以样板、展品及其在时间和空间上的排列,来启发、教育、引导人们整合于社会,整合于国家利益;对于那些经启发、教育、引导无效,不能整合于社会和国家利益的人,那就只能用监狱来强迫他们就范。

人民大会堂

迄今为止,没有哪一个国家不是族群、族群文化和政治相结合的产物,只是强大的国家话语越俎代庖地遮掩了族群性。任何国家语言都一定是某个族群的语言,任何国家文化都来自某个族群或某些族群,任何国家政治和经济都体现族群的价值观。那种纯粹理性、超越族群性的国家,就像世界语一样,还缺乏足够的可操作性和现实性。

族群:流动的边界

主要是作为文化群体的族群和主要是作为政治群体的民族具有相当

大的区别。如社会文化人类学界所熟知,"民族"对传统中国来说是舶来品,它是 18 世纪西欧的产物,并在工业化①、"印刷资本主义"(print capital-ism)②和殖民主义③发展过程中,推广到全世界。民族(民族国家)和民族主义向欧洲以外地区的传播,是一个充满征服、战争、屠杀、死亡的过程,其政治属性大大超过文化属性和经济属性。马克思主义经典作家在谈到民族的时候,也多强调其与资本主义的密切联系及其鲜明的政治属性。马克思和恩格斯更关心社会阶级,同时期待着民族的迅速解体,把所有文明国家纳入同一个经济整体;资产阶级可能还有自己的切身利益,但是在工人阶级中,民族意识(national sense)已经消失。④ 他们在著名的《共产党宣言》中宣布:工人没有祖国(country)⑤。斯大林认为民族在资本主义上升时期,在新兴资产阶级反对封建主义的斗争中,采用了民族国家(nation)的形式,这是因为工业经济需要民族市场、共同市场,需要匀质的人口。⑥然而,且不提欧洲诸族的复杂历史,仅就多民族的东方诸国来说,民族国家构建的过程更加复杂,始终存在一个理论如何联系实际的问题。按照史家的说法,虽然中国明代有了资本主义萌芽,却并没有在清代得到大规模发展,在国际列强入侵的鸦片战争之后,陷入殖民地、半殖民地的状态。中国政府在 20 世纪 50 年代和 60 年代民族大调查的基础上,在原有诸多族群(ethnic groups)中识别和确定了 56 个民族(nationalities)(包括汉族),而构建中华民族政治、经济、文化、心理、感情共同体(民族国家)的过程,迄今仍在继续。从马克思主义社会进化观出发,社会主义是后资本主义产物,

201

---

① E. Gellner, *Nations and Nationalism*, Ithaca:Cornell University Press, 1983.

② B. Anderson, *Imagined Communities*, London:Verso, 1983.

③ P. Chatterjee, *Nationalist Thought and the Colonial World:A Derivative Discourse*, London:Zed Books, 1986.

④ 中共中央马克思恩格斯列宁斯大林著作编译局编译:《马克思恩格斯全集》第三卷,人民出版社 1960 年版。

⑤ 中共中央马克思恩格斯列宁斯大林著作编译局编译:《马克思恩格斯全集》第四卷,人民出版社 1958 年版,第 487 页。

⑥ Tom Bottomore, ed., *A Dictionary of Marxist Thought*, sec. ed., Oxford:Basil Blackwell Ltd., 1991, p.392.

即资本主义的生产力突破了束缚它的资本主义上层建筑,实现自我否定,进入社会主义。民族国家既然是资本主义上升时期的产物,那么,在后资本主义的社会主义时代本不存在构建民族国家的问题。但是,历史证明,信息带来的社会动力总是超前于生产力而发生作用,"十月革命一声炮响,给我们带来了马克思主义",中国共产党人并没有等到资本主义生产力发达之后才追求实现社会主义,而是从殖民地、半殖民地社会直接过渡——"武器的批判"胜于"批判的武器"。这样,马克思主义在中国的实践及其意义,就不同于欧洲;与此相应,中国构建民族国家的过程也带有自己的特点。如上所述,在欧洲,工业发展要求建立统一的民族市场和民族人口从而构建民族国家。与此不同,中国民族国家构建过程,始于帝国主义列强的侵略和马克思主义的传入,始于寻求建立独立国家、共御外族的意识觉醒和斗争实践。如孙中山的说法:"大凡人类对于一件事,研究当中的道理,最先发生思想;思想贯通以后,便起信仰;有了信仰,就生出力量。"[①]三民主义就是救国主义,"因为三民主义系促进中国之国际地位平等、政治地位平等、经济地位平等,使中国永久适存于世界"[②]。在此之前,"中国只有家族主义和宗族主义,没有国族主义"[③]。本文所说的族群就包含大量家族主义和宗族主义的内涵。

我们曾经强调,民族的实质在于它的符号性,不同的时空配置赋予它不同的内容;民族是在家族象征结构和家族符号资本基础上形成的超族群政治—文化体[④],这不同于视族群为人类亲属关系(基因—生物联系)延伸的观点[⑤],而与视之为文化现象的观点[⑥]有不完全的间接共鸣。我们的论点兼指民族、族群甚至民族国家,当然,家族与族群之间较之与民族之间的

① 曾锦清编选:《民权与国族——孙中山文选》,上海远东出版社 1994 年版,第 1 页。
② 曾锦清编选:《民权与国族——孙中山文选》,上海远东出版社 1994 年版,1—2 页。
③ 曾锦清编选:《民权与国族——孙中山文选》,上海远东出版社 1994 年版,第 2 页。
④ 纳日碧力戈:《民族与民族概念再辨正》,载《民族研究》1995 年第 3 期。
⑤ Van den Berghe, Pierre L., "Race and Ethnicity: A Sociobiological Perspective," *Ethnic and Racial Studies*, 4(1978):401-411.
⑥ 王明珂:《华夏边缘:历史记忆与族群认同》,浙江人民出版社 2013 年版。

隐喻性要小。既然民族与民族国家是政治操作的产物①,是文化的创造②,那么,随着社会政治的发展、变化,民族和民族国家的有形边界或无形边界,也会随之发展、变化。在中国,族群与民族的边界始终处于发展、变化的过程中:族群、族群文化多元与政治、国体、领土一体,是中国的国情;有的族群正在失去原有的语言、风俗之类的文化特征,有的族群正在建立起新的文化特征,而相对于和包容于这些不同族群的民族和民族国家的文化边界也在发生变化。

族群的边界的流动性包括两个含义,一是指它本身的范围会发生变化,一是指它相对于民族或国家的关系上的变化。例如中国的诸多"跨界民族",它们虽然在历史上曾经在政治、经济、文化等方面属于同一个群体,但在后来的历史发展中,尤其是民族国家的建构过程中,被政治疆界分离开来,在经济、文化等方面也逐渐产生差异,在认同上也有复杂的变化(有时认同,有时不认同)。所以"跨界民族"作为文化共同体的地位是不确定的,也缺少政治共同体的合法性和经济共同体的合理性。在历史上,驯鹿鄂温克人和埃文基人属于跨额尔古纳河居住、游牧的族群,后来由于俄罗斯的扩张和中俄国界的重新勘定,被官方以额尔古纳河为界分成了两个族群,在汉语中把他们原来的族称 ewenki 有意识地分别翻译成"埃文基"(在俄罗斯境内)和"鄂温克"(在中国境内),以示区分。像境外的吉尔吉斯人和境内的柯尔克孜人、境外的克钦人和境内的景颇人等,也是由于国家疆界的变动或者确定而成为"跨界民族"的。由此观察,至少从近现代以来,族群共同体的疆界随着政治疆界的流动而流动,国家对族群疆界的流动或者确定起着决定性的作用。

尽管国家对于民族身份的"规定"是有序的,是稳定的,但民族符号体系却是无序的、流动的、变化的。例如,壮族和瑶族的内部对于国家帮助他们设计的拼音文字有不同的意见,许多人更喜欢使用他们知识分子传统上

---

① E. Gellner, Nations and Nationalism.

② Robert J. Foster, Making National Cultures in the Global Ecumene.

使用的汉字,而不少人认为新设计的拼音文字也有优点。但这两种文字都可以作为他们的民族特点,不和其他民族特点发生冲突。这种有序与无序之间的对立统一,造成民族关系发生变化。

族群与现代化动员

凯斯(F. Keyes)把族群比作陀螺仪(gyroscope),即族群的内容、形式和边界可以发生很大偏转,但仍能保持其中心点。[①] 格尔茨(C. Geertz)认为文化的组织就像章鱼,其触角各自独立地整合;虽然触角之间的神经联系并不良好,但章鱼仍然是一个整体。[②] 在各种现代化工程中,族群的生命力有时会"隐居",采用国家的中性话语;有时格外彰显,不能与相异者共存。族群总是以某种方式顽强地表现自我,不会被现代化浪潮轻易吞没。

族群既有物质存在的一面(语言、服饰、民居、信仰……),也有观念的一面;作为观念的一面,它们都是文化的产物、政治的产物、象征的产物,这就注定它们的边界会随着社会历史的发展而有所变化。例如,处于现代化进程中的中国,为了达到有效动员全国社会资源、族群资源以及其他各种资源的目的,就要根据新形势的需要,创造或者革新一些国家文化和符号:炎黄走出神话传说的疆域,龙不再是过去王朝的垄断符号,京剧作为国粹而得到政府支持,精神文明"五个一工程",等等。在统一的国体中,在完整的领土上,族群文化的边界将一次又一次地发生变化,而人们在构建民族国家的过程中,必然也要试图想象和构建超族群的文化。这样,国内族群文化的边界、分类和解释框架,自然要发生不断重整。从国家整体看,非特别化(departicularization)、整合化有助于经济集约化,有助于发展匀质人口。但是,问题在于民族国家文化的培养和创造,并非是白手起家,而是对

---

① The Dialectics of Ethnic Change, Keyes, Charles F. , ed. , Ethnic Chinage.

② Person, Time and Conduct in Bali: An Essay in Cultural Analysis, Yale Southeast Asia Program, Cultural Report Series, 14, 1966, also The Interpretation of Cultures, London: Fontana Press, 1993.

特定历史、特定族群文化的某种继承，因而本身就难免存在异质。尽管如此，民族国家总是以中性形象出现，努力用国民性代替族群性，增加人们的自愿性，使之归属一体，成为"社会习性"。信息与商品的全球流通，一方面使民族国家的构建客体化，更具有效性、更显出潜移默化的力量，另一方面也为分离主义和地方民族主义提供了资源。① 民族国家文化的形成过程分三个层次：①"民族国际文化语法"（international cultural grammar of nationhood）是民族国家要素的菜单，包括国旗、国歌等；②"民族词库"（national lexcon），它表示把民族国家的普遍形式与具体的历史阶段和具体环境相结合，即本土化，就像根据语法在特定语境下使用标准语言的词汇一样；③"方言词汇"（dialect vocabulary），就像操不同方言的人，利用"国家语法"表达自己的地方观念一样，国内各群体利用有关民族国家文化的话语和实践，对民族国家竞相提出自己的定义。②

为了达到民族国家的客体化，社会管理者们充分利用信息与商品的全球流通的条件，不断勘定流动的无形边界和有形边界，缩小国民性、族群性、个体、群体、自愿性、归属性、族群、种族、民族等的对抗性，在统一的政体下，实现全国范围的现代化总动员。但在民族国家进行现代化动员的时候，有一个难以克服的矛盾，那就是用一种族群的话语来对抗另一种族群的话语，其结果还是多族话语。比如在号称"自由国度"的美国，政府常常把占有绝对优势的盎格鲁撒克逊文化作为美国的主流文化，以这种主流文化应对那些来自非洲、亚洲、拉丁美洲的非主流文化。所谓美国文化就是以盎格鲁撒克逊为主用英语来表达的文化，尽管有大量移民，尽管美国有多元文化融合，但这并不能掩盖其盎格鲁撒克逊文化的主要特征。民族国家的现代化动员，不管设计者们从如何理性的愿望出发，不管他们怎样试图超越族群，不管他们怎样去证明整个工程如何科学，它都要从族群性出发，都要从族群文化汲取力量，获得象征资源，达到社会大动员的目的。当

---

① Foster, Robert J. , Making National Cultures in the Global Ecumene.

② O. Lofgren, The Nationalization of Culture, Ethnol. Eur. 19(1):5-24, cit. , Foster Robert J. , Making National Cultures in the Global Ecumene.

然在政府进行社会动员，致力于某项工程或者运动的时候，并不能仅仅动员一个或者几个族群来参加，动员的范围应当是全社会、多族群的。各个族群都有自己的"生存技术"，它们在加入各种宏大社会工程或者运动的时候，都要想方设法为自己谋取利益。它们加入政府主持、发动的工程或者运动，就取得了合法获得资源的资格，就能够"分一杯羹"；官方也因为这些族群的加入而获得它们的认同，增加了合法性的分量。这是一种互利互惠。

在民族国家的现代化动员当中，获利最大的总是那些族群精英，因为他们往往是双语人或者多语人，是各种文化之间的沟通者。尤其是官方和地方、异地和本土之间的中间人，他们所掌握的信息、知识、关系及其社会地位，使他们很容易代表本族群从政府获得各种物质和象征的资源。这些族群精英虽然不一定体现本族群的文化，不一定说本族语言穿本族服装，或是行本族风俗，但他们却象征本族文化。虽然这些族群精英可能不把自己的子女送进用本族群语言教学的学校，但他们的族群意识却并不弱。族群意识不等于外在特征，语法不等于词汇和语音。

在一个民族国家内部，一些理性思考的人总希望淡化族群意识，强化国民意识。但是，当他们遇到来自本民族国家之外的其他族群时，就难免族群意识空前强化，忘记了淡化族群意识的初衷。这种对外的族群意识，不可能起到对内淡化族群意识的作用，因为对外的族群意识不可避免地要反射到对内的族群意识上来，无形中也强化了族群内部的自我意识。你对外部认同别人，内部也会有人不认同你。既然没有哪一个人能够超脱自己的族群背景，那么，对内淡化族群意识，实际上也是淡化别人的族群意识。

族群和民族：家族"语法"和"小传统"

范·登·伯格等原生论者将族群看作是家族的扩展①，强调族群的生

---

① Van den Berghe, "Race and Ethnicity: A Sociobiological Perspective," *Racial Studies*, 4 (1978): 401-411. Van den Berghe, *The Ethnic Phenomenon*, New York: Elsevier, 1979.

物属性。这种观点一方面可以在中国传统的族群(包括种族、民族)观念及其运用中找到直接证据,另一方面也是中国近代一些知识分子的典型观点。族群顽强的生命力,追究其根源,首先来自家族观念和家庭的象征意义。族群在政治化以后成为"民族",而民族在特定历史条件下要寻求"建国",要求"同文同种"的全面认同。家族为这种理想和努力提供了"语法"和"小传统"。

> 钱穆心目中的国家是一个靠从家庭延伸出来的共同价值所凝聚的民族。他认为在政治世界里能对那些价值加以解释和维护的人是士人。他们的修养超出小社会集团的利益,并使得他们自由地游移在地方风俗之外。他们所要维护的是礼。只有当"礼"得到广泛的传播时,国家和人民才有共同的道德观念。当国家不接受这种道德观念时,"礼"只能被保存起来,而真理也只能由家庭和师友来传播。有一些社会集团以士人所控制不了的力量从地方风俗中解脱出来,可是反映这种社会集体利益的新思想却没有存身之处。要求那些受启蒙思想培养出来的历史学家关心的正是这种利益。[①]

在钱穆眼中,国家应当是民族的国家,也就是现代民族国家(nation),这显然是西方的民族国家观念在中国本土化之后的一个产物;而民族是一个价值共同体,这种价值由家庭演化出来。更为重要的是,最能维系民族国家的共同价值的核心是那些"学以居位"的知识拥有者手中掌握的"礼"。也就是说,只有他们才是民族国家共同体的自觉维护者,只有他们才能提供建立在家族主义之上并用之于民族国家层面的社会凝聚力。这种观点对于范·登·伯格等人的生物论倾向,是一个比较好的修正,但同时也过分强调了价值本身的力量和"士人"的作用。价值只能靠实践来创造和体现,而实践却又并不局限于"士人"。

---

① 邓尔麟:《钱穆与七房桥世界》,蓝桦译,社会科学文献出版社 1995 年版,第 8 页。

族群在本质上是家族结构的象征性扩展,它继承了家族象征体系的核心部分,以默认或者隐喻的方式在族群乃至民族国家的层面上演练原本属于家族范围的象征仪式,并且通过建造各种富有象征意义的设施加以巩固。族群需要有自己的原始生存空间,在这个生存空间里保持"小传统"(little tradition)。① 这种"小传统"距离家族最近,具有比较稳定的民间性,给族群提供了稳定的象征资源和精神食粮。

小传统的核心是作为精神压力和社会危机反映的宗教信仰体系②,是对早期家族迁徙、生产方式变革和社会组织转型程式化的曲折回忆。神庙、仪式、信仰内容、神职人员和地区方言是这样一种宗教信仰体系的要素。作为游牧、迁徙和定居的地理记忆,草原、森林、山峦、故乡等,都会成为怀旧的"母题"③;而由社会成员共同参与并且用仪式来加以引导的怀旧活动,使家族或者族群、民族成员更加固守某些残存下来的传统,同时在心理上也建造起相对于邻族的时空边界④。这种心理边界虽然与可能存在的物质边界相对应,但并不会因为物质边界的消失而立即消失。宗教的社会组织化对于那些非工业化的传统族群具有系统的心理作用,宗教组织也是社会活动的中心。即便在西方工业化社会,虽然宗教已经成为跨文化、跨阶级、跨族群的超级文化现象,但它仍可以被"加工"成为某个族群所独有的象征体系,与其他一些文化因素共同组成该族群的系列特征。族群与宗教存在四个方面的亲和性。第一,起源神话与某个族群有特殊联系,构成对于本族起源地的崇拜与信仰。例如希腊神话中在洪水之后幸存下来的丢卡利翁、皮拉和他们的儿子赫楞以及犹太,传说中同样遭洪水劫难的诺亚和他的三个儿子,成为有关宗教族群的远祖。第二,根据埃及、苏美尔、亚述和波斯历史上的情况,古代的宗教社团通常也就是族群,而后来兴

208

① R. Redfield, *Peasant Society and Culture*, Chicago:University of Chicago Press, 1960.

② R. Coulborn, *The Origin of Civilised Societies*, Princeton:Princeton University Press, 1959.

③ A. D. Smith, *Ethnic Origins of Nations*, Oxford:Blackwell, 1988.

④ 这样的时空边界是靠社会成员共同参加的各种仪式来建立的。举行仪式要遵循一定的时间顺序,要划出一定的空间范围,参加者要有符合要求的身份。社会成员在这样的反复操作中养成了对事物进行分类的特定习惯,成为不自觉的心理定式,并把它自然而然地传给尚未步入社会的新一代,成为后者的生长环境的一个部分。

起的一神教又跨越了族群和政治的界限。在基督教的早期发展阶段,泛基督运动曾导致阶级屏障和民族—族群壁垒的崩溃,而各种宗教派别的出现又很快使族群符号和族群纽带复苏。第三,具有组织形式的宗教为族群神话和族群符号的传播提供了大量人员和渠道,神职人员不仅传播和记录这些传说和信仰,还是处于帝王上层和农民群众之间的中间人,也是粮食生产者及其"小传统"之间的联系人和维护者。第四,由统治者发动的、有大量受统一指挥的职业军人参加的国家之间的战争,对于族群的产生和维持具有决定性作用。虽然历史上有过像祖鲁王国这样的以一个族群为核心、在集权制的基础上配备战争机器的例子,但更多的是一个政体建立在某个族群为主的多族群之上的情况;政权之间发生的频繁而惨烈的战争升华了当事人的族群感情。不论是主体族群还是非主体族群,只要卷入战争,他们的族群意识就会得到空前提高。

族群具有独特的象征结构,而它的各种具体符号具有可塑性,在族群成员的认知和解释过程中会突出地表现出来。这种可塑性保证了该象征结构的稳定,并能够超越时代,自我复制。族群的象征结构并不排斥异质成分,因为它具有把异质成分加工成同质成分的能力。族群的象征结构建立在一定的历史条件之上,它们包括:

(1)居住在村庄或者小城镇的大量农民和工匠,他们的自由受到种种限制,被融入本土民间文化之中,而这种民间文化已经受到"大传统"的某种影响,它的成分包括土语、传说、礼仪、服装、舞蹈、音乐、手工艺等。

(2)居住在主要城镇里的少数上层,包括统治者及其宫廷,还有官僚、贵族、地主、军事长官,他们垄断了财富和政治权力,庇护着那些特殊的商人和工匠阶层。

(3)少量神职人员和经书缮写人员,垄断了社区的信仰系统、仪式和教育,在上层中和上层与农民、城市工匠之间,扮演传教者和中间人的角色,试图把农民和工匠的"小传统"整合到他们所维护和传播的"大传统"之中。

(4)具有内在意义的神话、记忆、价值和符号储备,它们可以表达和解释社区对本身起源、发展、命运及其在宇宙秩序中的位置的认识。仪式、人造物和法律把整个社区固定在天神信仰和家乡土地之上,并在运作中体现上述各要素。

(5)在城市上层社会和接受他们保护的人当中存在对神话、记忆、价值和符号进行储备、交流、传播和社会化的过程。这个过程的内容包括举行宗教仪式、传道,对于艺术符号、建筑符号和服饰符号的应用,对于口头文学、歌谣、史诗、圣歌的阐释,宣布法律和法令,在本地学校为从各阶层选出的人员开设死记硬背的课程,雇用军事服务人员和公共建设工人。①

民族是家族象征的进一步扩展,是对族群文化要素(尤其是小传统)的重组和政治利用。民族是现代世界格局中政治、经济、军事、商业、教育、跨地域动员、原始家族要素(包括亲情、家庭关系、家法、家庙等)融于一体的重要单位,因而具有顽强的生命力。这种生命力不仅体现在历史教科书和社会记忆中,也体现在像联合国这样的国际组织中。民族虽然不是家族的直接扩展和变体,但后者却是它的符号投射源,为它提供稳定而有效的想象空间和动力以及富于弹性的象征结构。

在民族形成的过程中,只有经过权力斗争及对社区传统价值和形象的重新定义,才能够把家族成员和族群成员转变成为地缘公民,这是一个充满代沟冲突的过程。民族的形成一般有三个出发点,即族群文化、地缘以及作为两者结合体的族群文化—地缘。美国是典型的以盎格鲁撒克逊文化为主流的地缘纽带国家,西部开发、移民、独立战争、解放黑奴、星条旗等,都已经融入美利坚民族的象征结构,不仅成为公民常识,而且也是他们感情空间和想象空间的一部分。苏联诸族和东欧诸族则是在原有族群文化的基础上实现独立的。在过去的"苏联人民"时期,这些族群文化潜伏于国家政治文化和"大传统"的主流之下,而在政治、经济发生危机的时候,它们就得到凸显的机会,成为各个族群在领土、资源、军事、政治等方面提出独立要求的依据和动力。

民族过程也是在它的象征结构中的政治实践,即它是一个以家族关

---

① A. D. Smith, *Ethnic Origins of Nations*, Oxford: Blackwell, 1988, p.42.

系为象征关系或者隐喻关系,借以实现政治目的的过程。因此,其结构与实践之间就存在一定的对立统一性,也就是说"结构与实践互动互生"。[①] 这种互动互生的意义只有放回到相对客观的历史背景下才能够加以捕捉,因为现实利益关系始终会影响人们对历史的主观评价,从而影响他们对于事物的命名[②]以及他们对感情问题和政治问题的态度。在作为政体的国家中,充满了有关民族与家庭"对话"的语义场,家族—族群—民族在互相渗透的过程中共同构成一个结构—实践体;这个过程也是国家起源及其发展史的重要"景观"。父母、子女、家姓、家庙等等,构成了家族"语义场";而领袖、人民、国名、博物馆等则构成了国家—民族的"语义场"。在家族"语义场"和国家—民族的"语义场"之间存在对应关系:

家族的"语义场"	国家—民族的"语义场"
父母	领袖
子女	人民
家姓	国名
家庙	博物馆
族谱	国史
宅第	国土
生育	上户口
婚姻	组织
家法	国法
……	……

① Sherry B. Ortner, *High Religion*, Princeton: Princeton University Press, 1989, p. 12.
② 指给事物取名称,或者对事物原有的名称加以限定,例如在原有名称前加形容词或者限定语,甚至改变原有名称。这种命名行为跟命名者的社会地位和社会要求都存在密切关系,同时也受到社会形势变化的影响。

也许可以说,家族"语义场"与国家—民族"语义场"之间存在转喻和隐喻关系,即家族的各个义素(例如爱抚、哺乳、娇惯等)和国家—民族的各个义素(例如扶贫、教育、腐败等)之间存在隐喻关系,而家族与它自己的各个义素之间、国家—民族与它们自己的各个义素之间存在转喻关系。①

---

① 隐喻和转喻的概念系从语言学和语文学借入人类学并在施特劳斯的机构主义学说中占有特殊的重要地位。特纳所谓的"索引"和"镜像"之间的区别相当于转喻和隐喻之间的区别,前者是对所指的简单指代,后者则是对其复杂的表达。马兰达(Maranda)用"集合"来解释隐喻和转喻:设 A 为第一集合,a 为它的成分之一,B 为第二集合,b 为它的成分之一,则 a/A 和 b/B 构成转喻关系。类推式 a/A = b/B 构成隐喻 a = b 和 A = B 的底层。例如,在"桌腿"一语中,A 集合包括人或动物,成分 a 是腿,B 集合包括桌子,于是,公式 a/A = x/ B 中的 x 则为(动物的)"腿"。集合 A 和 B 由于都包含站立物而发生联系。从这个角度说,这些集合互成隐喻关系,而每个集合中的成分互成转喻关系。参看 E. K. Maranda: A Tree Grows: Transformations of a Riddle Metaphor, E. K. and P. Maranda eds. , Folklore and Transformational Essays, The Hague: Mouton, 1971。

四、族群的结构、符号和实践

20 世纪 60 年代以来,国际学术界的族群和民族研究在理论层面上不仅范围扩展,而且内容庞杂,涉及多学科知识。有关族群理论和族群现象的研究,不仅涉及整个人类学乃至整个社会人文科学的结构、符号和实践理论,而且还直接受其发展变化的影响。

族群的结构

族群的结构可以分成这样几个层次:

第一,各个族群并存而形成的一种现实格局,例如中国自 20 世纪 50 年代以来民族识别所确认的 56 个民族的格局,其中的 55 个少数民族呈现出"大杂居小聚居"的图景;

第二,族群内部由语言、饮食、服饰、信仰等构成的"有形结构";

第三,族群成员的言行举止、礼仪活动构成的"行为结构";

第四,族群思维方式和民间知识构成的"认知结构"。

在族群的这些结构下面,具有一个相当稳定的规则,这个规则是一个族群区别于另一个族群的内在根据之一。^① 构成结构的因素可以千变万化,但并不影响一个族群存在相对于另一个族群的心理界限,不影响一个民族在对内象征性认同和对外象征性排斥的心理倾向。例如满族,虽然他们大多已经"汉化",从语言、衣着到行为方式、知识结构,都已经和汉族相同,但是他们的历史—社会记忆,国家的民族识别和民族优惠政策,55个少数民族的地理分布格局,以及中国各民族的归类,都使满族保持着自己的某种"心理素质",保持着某种程度的"对内象征性认同和对外象征性排斥"的心理倾向。近些年来影视界的清宫热、满学和满族史的兴盛,也强化了满族的自我意识。商品化的清朝帝王将相的形象和文字,也使其他族

瑶族小学生在"六一"晚会上的表演

群对满族另眼相看。所有这些都会影响满族的"有形结构"和"行为结构""认知结构"。许多外来的文化因素在经过"族群化"以后,就可以成为本族群的结构成分,并按照本族群的"语法"和其他结构成分排列组合,仍然

---

① 当然也存在外在的根据,其中最重要的是外族人如何看待这个族群,如何为它作社会定位,还包括这个群体的成员对外排斥、对内凝聚的倾向性。

保持原有的价值和意义。如居住在广西壮族自治区田林县各烟屯的蓝靛瑶，在长期接受各种外来文化的同时，仍然保持了体现在他们的"有形结构""行为结构"和"认知结构"中的排列组合规则，把那些异文化的因素纳入本文化的框架之中，用本文化的规则加以统辖。在那里，小学校常常是全屯唯一悬挂国旗的地方，遵循的时间标准是北京时间，屯里的老乡在门口贴上门神，他们遵循的是农历。小学校是全屯唯一有厕所的地方，老乡们不习惯上这样一种四周封闭的厕所，他们仍跑到山上去"方便"。屯里的人，包括党员在内，都会做一些"道公"，每逢红白喜事，杀猪宰牛，他们都会烧香祭祖，念念有词，祈求平安。近来屯里通了有线广播和有线电视，按照规定要保证"中央的声音"传送到百姓心中，可是在普通话还不那么流行的瑶家村寨，妇女们愿意听她们喜欢的瑶家山歌，小伙子们爱听流行歌曲。作为妥协，

身着瑶族服装的老人

每天早晨六点半开始播放中央人民广播电台的《新闻和报纸摘要》节目，不过 10 分钟后就放起了山歌，然后是流行歌曲。小学校也有自己的喇叭，但功率比不上屯里喇叭的功率，只能服从它。小学校的许多活动都要服从屯里的安排，否则寸步难行。例如，学校在收取学生的学杂费时，要取得屯里干部的配合，否则就收不上来。有时因为学杂费收不上来，上级就会扣除老师们的工资来补偿亏损，购买教材，维持学校的正常运转。屯里的干部做工作，既要讲党性，也要讲"神性"，还要讲尊卑。就是这样，各种"杂语"被糅合在同一个结构中，受到同一个排列组合规则的统辖，维持着传统的生命力。各烟屯的"有形结构""行为结构"和"认知结构"不断发生调整，造应或者应对从上而下或者由外向里的各种"侵入"，老乡们在自己的实践中，用自己的方式从适应或者应对中获得最大利益，保持了一种稳

定的价值核心。

如同结构语言学把语言看作具有深层结构的符号系统,列维-施特劳斯认为:文化只不过一种表面现象,它表现了人类要对自己的经验进行排列和分类的通性;文化现象可以是多元的,但其底层的排列原则却是同一的。因此,结构的本质不是具体的事物和现象,而是潜伏于下面的系统,或者毋宁说是普遍的心理过程法则。这种表层文化与心理结构的对立显然与索绪尔的语言—言语的二元对立有相同的哲学意义。索绪尔将人类的言语活动分为社会性的"语言"(language)和个人意志性的"言语"(parole):前者是一种社会心理现象,不受个人意志支配;后者是带有个人发音、用词和造句特点的个人行为。索绪尔比喻说,下棋的规则是内部要素,有关棋的起源、传播,棋具的材料、造型等,都是外部要素;用不同的材料制作棋具并不影响系统的运行,但若增减棋子数目则会影响棋法,也就是棋戏的结构特点。

族群的有形文化或者"言语"并不那么重要,而且注定要随着社会和历史的变化而发生变化,但其"底层的排列原则"却保持相对不变。也就是说用不同的材料取代族群的文化因素并不影响系统的运行,但若触动其底层,那就会引起排列原则的变化。不过,族群的结构不同于棋戏的结构。族群结构的构成成分增减,不直接影响其排列组合的规则,因为族群不像棋戏是封闭的,而是开放的,即它要在"实践""对话"中维持自我的活力。有关"实践""对话"等概念,以后将进一步讨论。

族群的符号分析

族群不仅是一群同享多种特征的人们共同体,而且是一个符号组织。符号(symbol)是用一个事物代表另一个事物,是一种关系替代另一种关系。例如,人们用红桃象征爱情,用骷髅代表危险。人类学主要围绕人的认知过程对符号和符号现象进行研究。符号不仅能表达人的感情,还能代表社会的要求。例如,国家通过民族英雄、名胜古迹、神话和运动等符号现象来动员社会,团结不同的阶级、阶层和团体。符号权力(symbolic power)和象征资本(symbolic capital)是法国社会学家和人类学家布迪厄(Pierre Bourdieu)的重要术语。符号权力指以符号形式表现的社会的和个人的权力。在人类日常生活中,权力的实施较少直接诉诸暴力,而是采用符号象征的形式,并享有某种合法性。符号权力是一种"误认"(misrecognized)权力,其合法性建立在全社会对它的承认上,统治者将其扮演了"主动同谋"(active com plicity)的角色,即他们通过承认掌权者及其权力的合法性为符号权力奠定基础。符号权力有时亦称符号暴力(symbolic violence),它突出表现在馈赠"重礼"上:送礼者由此使受礼者因欠"感情债"而受制于己,以慷慨施舍换取信任、义务、效忠、虔诚和其他象征资本,从而以隐蔽的方式实施了"暴力"。象征资本指在特定社会环境里用来产生社会效应并由此获取经济、政治和其他方面利益的符号或符号现象,主要表现为特权和荣誉。在一些土著社会里流行的夸富宴(potlatch)、联姻、礼品交换仪式等便是这样的符号或符号现象,其目的往往在于换取经济和政治资本。象征资本是信誉经济(good-faith economy)的基础,是隐蔽的经济和政治谋略,而不是什么"无私奉献"。在那些物质生产不发达的社会,经济考虑与感情、人情交织在一起,以"人情债"代替"经济债",象征资本和经济资本不断互相转换。说好话,握手,议论他人,诅咒发誓,等等,都会成为人们有意无意地积累象征资本的手段。族群文化不是禁锢在人们头脑中的东西,而是一种比较直观的社会符号。族群成员通过这些符号交流思想,参与社会和维系世代。格尔茨指出,符号人类学的目的不在于符号本身,而在于符号所承载的意义。同样道理,一个族群的符号可以千变万化,但它们所承担的意义(价值)却可能保持相对稳定。

在全球范围的市场经济的迅猛发展中,呼和浩特市的蒙古族当然和其他少数民族一样,也正面临种种挑战。传统的蒙古族文化受到的冲击不断增大,它一方面要适应本国、本地区的广泛性、主体性或者主流性的文化,另一方面也要适应国际性的文化。在内蒙古自治区,蒙古语能够提供的资源日趋减少,它竞争不过汉语,更竞争不过英语、日语。传统上蒙古语教学

内蒙古民族高等专科学校
重新挂牌

的重要阵地内蒙古师范大学附属中学、呼和浩特市第四幼儿园和蒙古族学校,都不同程度地在"且战且退"。虽然政府的语政处年年要派人检查企事业单位标牌蒙汉文双写的情况,但其象征意义大于实际意义。有关民族语言教学的争论仍然在继续:是从幼儿园、小学到大学都坚持本民族语言教学,还是到高中、中专阶段完全改用汉语教学,或是从幼儿园一直到大学完全用汉语教学?内蒙古师范大学附属中学在进行试验:对于从牧区来的蒙古族学生,在上到高中后,他们的蒙古语课程被缩减,相应加设英语、公共关系、计算机等课程,这些课程全部用汉语授课。校方说,这样做的目的在于培养学生的综合能力,以便以后好找工作。蒙古族各界人士对这个试验褒贬不一,其中有些官员和知识分子对它进行了强烈批评,认为这是主动放弃传统文化的行为。然而,这种教学改革的确给这些同学带来了回报,他们中的许多人已经被公司"预订",也更容易在市场经济中生存,更容易找到工作,更受社会欢迎。这是一个感情和理性难以调和的矛盾反映,是一种"忠孝不能两全"的无可奈何。国家的民族政策必然要适应市场经济,而市场经济是竞争经济,不是照顾经济。当然,这并不是一个价值判断问题。科学主义和精神文明的冲突已经发展到了极端:生存危机(丢饭碗)和生存欲望(赚大钱)已经压倒一切。讲一些初级阶段的东西,并不等于共产主义理想就不美好。当今的呼和浩特蒙古人早已脱下"长袍",换上"短袍",告别马背,进入城市,他们的衣食住行、行为举止都发生了变化,即他们的物质边界已经发生变化,符号边界也在不断流动。呼和浩特市的第二代蒙古人(主要指从农牧区迁来的蒙古族)仍然说蒙语、唱蒙歌、行蒙俗(当然要打一些折扣)。第二代蒙古人大多会一些"哑巴蒙语"(只能听不能说),会唱一两支蒙歌,能喝奶茶(呼和浩特市的很多汉人也喝奶茶),知道成吉思汗是谁。第三代蒙古人已经彻底变成了"呼市人",说一口"呼市"普通话,喝一口"呼市"好酒。

虽然,蒙古族相对于汉族的"物质边界"①正在缩小,而"符号边界"②又在不断流动,但是,"符号边界"属于"心理边界",不会随着"物质边界"的缩小或者消失而缩小或者消失。呼和浩特市蒙古族正在告别曾经拥有的"物质边界",向着"符号边界"过渡,这个"过渡阶段"处于"边界的迷失"期。这是一个"宏大成丁礼",它与通常民族志上的成丁礼不同的地方,在于它不像后者那样"一切都在预料之中",演出的只是一场戏剧——在这场"宏大成丁礼"之后,究竟"超度"出什么样的蒙古族,并不那么容易预料。但有一点可以确定:蒙古人自己作为一个族群的价值会继续存在,因为这种价值不仅取决于蒙古人自己的自我认同,也取决于其他族群如何对待和看待他们,还取决于国家和政府如何摆放他们的位置。

以"驯鹿之乡"驰名的内蒙古自治区根河市鄂温克族民族乡,仍然是人口不足 200 人的鄂温克族猎民生产、生活的地方。数十年来,政府对这个民族群体投入了大量财力、物力、人力,制定和实施了许多特殊的优惠政策,以解决他们的发展问题,推动其社会变革。然而,在几十年的社会变迁中,鄂温克族猎民社会一方面有了飞跃性的发展,另一方面也出现了一些新的问题——非正常死亡、酗酒、自我放纵、自暴自弃、无所事事,其核心问题是缺乏精神支柱。在鄂温克族猎民社会的发展中,传统的符号、结构与

---

① 这里所说的"物质边界"是建立在"原生性纽带"之上的边界,具有自在性、直觉性、非理性和非自觉性。这个概念的核心是"天生的""遗传的""典型的"等,掺杂着大量感情色彩和偏见因素。这种"天赐"的故土、语言、血统、外貌以及生活方式,塑造了人们关于他们在骨子里是谁以及和谁的关系水乳交融的观念,其力量来源于非理性的人格基础。只要一经确立,这种自在的集体我群感就一定会在某种程度上卷入民族国家的逐渐扩展的政治过程。因为这个过程似乎触及了如此宏大范围的事务。(Clifford Geertz, *The Interpretation of Cultures*, New York: Basic Books, 1973, pp. 276-277.)

② 这里的"符号边界"指以"用一个事物指代另一个事物"的原则来划分的边界,这个边界主要是心理边界;由于这种边界涉及命名、运用、命名者、听众、环境等多项内容,因而是一个复杂多变的过程。同时,需要注意的是,这种边界的诸多特点之一,是它的"后天性",即不是"天生的";"操作性",即随着需要的变化而变化;"能产性",即它可以在人的实践活动中产生大量的附加意义,这些附加意义中的某些意义可能在日后形成主要意义。

鄂温克族青年身穿古老的狍皮服装,为人们表演"与狼共舞"

实践之间的互动关系被打破,虽然原血缘家族公社"乌力楞"结构未加根本触动地转型为生产队结构,"乌力楞"的族长"新玛玛楞"和酋长"基那斯"的行政职能为生产队长、党支部书记的行政权力所替代,但是,传统上一直作为鄂温克族猎民精神支柱的萨满的凝聚功能和符号力量,却并没有相应的象征结构体以相应的作用来替代。此外,作为鄂温克族猎民文化的要素、民间知识和情感载体的本族语言,也没有在本地的中小学的教学大纲和教学语言中找到相应的位置。鄂温克族猎民的实践失去了符号和结构的支持,国家的大力帮助没有得到他们内部主动性的响应。作为鄂温克族猎民信仰所在和萨满神灵居所的大森林由于建设需要而被砍伐,猎民也因此失去了想象的信仰结构空间,原居森林神灵的"逃逸",也使他们失掉了精神符号。由此看来,鄂温克族猎民在现代化过程中所面临的问题,显然不仅仅是经济方面的,更多的是精神方面的:他们迫切需要重建一个精神世界,需要一个能够与实践互动的符号与结构体系。

族群与实践

在历史和实践中观察族群的符号与结构,不仅具有重要的理论意义,也具有重要的应用价值。存在决定于运动,意义产生于实践。我们过去研究族群,习惯于平面的结构分析,习惯于寻找持久不变的决定性因素,忽略了族群作为历史和社会现象不断变迁的一面,忽略了族群的运动状态。正是在人的客体化占据上风的时候,人类学界开始把目光转向人的主观能动性和人的实践活动。法国人类学家布迪厄在1972年出版了他的重要著作《实践理论大纲》(*Outline of a Theory of Practice*);美国人类学家格尔茨也在同一时期以自己丰富的田野资料和有关研究抨击了符号理论和结构主义的僵化模式,提倡把人类行为看作符号活动。实践理论家们在承认系统影响人类行为和事件的同时,通过研究行动和互动来了解系统是如何产生以及系统在过去和将来的演变取向,从而对系统—结构研究作了必要补充。实践人类学家把历史个人和社会个人作为分析单位,根据他们和他们的行为来理解事件的发生、经过以及一组结构特征再生或者变化的相关过程。布迪厄把人的行动视为临时决策的结果,是短期行为;萨林斯(Sahlins)①、奥尔特纳(Ortner)②、科利尔(Collier)和罗萨尔多(Rosaldo)则把人类的个别行为看成是长期计划的结果,他们认为人类行动主要取决于实用选择、利益均衡、决策和谋略。实践人类学家

221

鄂温克族狍皮靴

的成功之处在于他们能够综合其他诸家之说,用人的历史和人的行动加以结构处理,从而兼顾了"社会是人类的产物""社会是一种客观实在"和"人是社会产物"这三个命题。历史并不仅仅是人们经历的事件,而且是他们在系统的强大制约下的创造物。文化符号与社会结构通过历史过程和人的实践被紧密联系起来,产生、保持和变革社会意义。文化符号和社会结构在互动中存在,人的心理活动包括认知、决策、谋划等在内的实践活动,是前者互动的主要形式,从而也是前者的存在方式。

族群的存在不仅是一种"自然存在",还是各个群体、各个层面互相作用的结果。社会文化人类学者的田野实践对于族群的建构、想象、现实存在等,都会产生重要影响,因而是不能忽略的一个方面。在20世纪30~40

---

① Historical Metaphors and Mythical Realities: Structure in the Early History of the Sandwich lslands Kingdom, Ann Arbor, 1981.

② Grender and Sexuality in Hierarchical Societies: The Case of Polynesia and Some Comparative Implications, Orther, S. and H. Whitehead eds., Sexual Meanings: The Cultural Construction of Gender and Sexuality, Cambridge and New York, 1981.

年代的中国，留美回国的吴文藻先生努力探索人类学中国化的途径，他用中国的文献和田野材料讲授文化人类学，并且倡导社区研究。费孝通先生始终致力于研究中国社会的现实问题，主张以问题为中心的学术研究，并不苛求用哪一门学科、哪一种理论，这是"实践第一"的道路。林耀华先生对汉族家族制度进行了人类学研究，在《金翼》一书中细致地描述了福建两个家庭的各种实践活动。1949 年以来，中国的社会文化人类学尽管曾经历一些挫折，但学者们还是在总体上坚持了"实践第一"和"田野第一"的原则，为国家建设和民族工作贡献了力量。他们在民族识别的工作中，一方面认真学习、研究和讨论斯大林的民族定义，另一方面始终关注中国的历史和国情，没有完全照搬斯大林"四要素"缺一不可的观点，而是采取了实事求是的态度。自从改革开放以来，在老一代社会文化人类学家的指导和关怀下，新一代学者已经成长起来，继续坚持"实践第一"和"田野第一"的原则，在借鉴国际社会文化人类学有价值的最新成果的同时，强调学科理论和实践与中国族群社会的实际相结合，出版和发表了一些水平较高的专著和论文。同时，他们中的一些人也把注意力转向应用，参与如扶贫、儿童教育、环境保护和社会可持续发展之类的现实课题研究，在市场经济中调整自己的位置，把社会实践放在首位。中国的社会文化人类学源于中国社会的实践，最后也要回到中国社会的实践中去。

族群自我再生的倾向和族群成员改造社会的实践，往往会产生第三种既不符合原有族群自我再生倾向，也不符合族群成员主观意愿的结果。但是，作为社会主要超主体特征部分的符号和结构，却是在社会主体的实践中存在和不断变化的。因而上述第三种结果并不妨碍族群社会的正常运转和社会个体的精神平衡。一个族群和一个社会的现代化，也是其结构、符号、实践以及它们之间关系的全面现代化。传统农业国家的现代化 过程，一方面必须引进高效生产模式、市场机制以及与之配套的观念和知识，另一方面要注重继承、修正和引导原有传统的社会格局和文化模式，注重原有符号和结构在实践中的重新定义。

根据法国人类学家布迪厄的实践理论，作为超个人的社会文化渗透到人的日常生活之中，为他们提供了一套方便的生活和生产规则。人们利用而不是盲从这套生活和生产规则,在实践活动中不仅满足了个人利益,也在某种程度上再造了文化和社会秩序。[①] 人创造文化,文化制约人;社会结构和个人的关系是互动的,而互动的存在形式就是实践。人类的实践是一种能动行为,是一种不断的设计和表演。从这个意义上说,实践是现代化的起点和终点。既然文化是人创造的,那么它就要体现一种主动性,体现一种主人的意志。文化里经常有自我矛盾及牵强附会的因素,可供人们自主地去进行选择,以便于谋取经济的、声望的或者感情的利益。与其说是文化在控制人、奴役人,倒不如说人在利用文化和顺应文化。如果我们承认人是实践的主体,那么,通过实践看到的人只是一种认知世界的人,是一种人的定义;而人的定义和认知世界的人,并不就是人本身。我们不能忽略人的心理和人的主动性。文化外观的变化并不就是文化心态的变化。[②]

223

① Politics and Gender in Simple Societies, Ortner S. and H. Whitehead eds., Sexual Meanings: The Cultural Construction of Gender and Sexuality, Cambridge and New York, 1981.
② Bourdieu, Pierre, *Outline of A Theory of Practice*, Cambridge: Cambridge University Press, 1978.